世界五千年
科技故事叢书

盧嘉錫題

世界五千年科技故事丛书

科学的迷雾

外星人与飞碟的故事

丛书主编　管成学　赵骥民

编著　姚文贵

吉林出版集团 ｜ 吉林科学技术出版社

图书在版编目（CIP）数据

科学的迷雾：外星人与飞碟的故事 / 管成学，赵骥民主编.
-- 长春：吉林科学技术出版社，2012.10（2022.1 重印）
ISBN 978-7-5384-6145-9

Ⅰ.① 科… Ⅱ.① 管… ② 赵… Ⅲ.① 地外生命－普及读物
② 飞盘－普及读物 Ⅳ.① Q693-49② V11-49

中国版本图书馆CIP数据核字（2012）第156345号

科学的迷雾：外星人与飞碟的故事

主　　编　管成学　赵骥民
出 版 人　宛　霞
选题策划　张瑛琳
责任编辑　张胜利
封面设计　新华智品
制　　版　长春美印图文设计有限公司
开　　本　640mm×960mm　1 / 16
字　　数　100千字
印　　张　7.5
版　　次　2012年10月第1版
印　　次　2022年1月第4次印刷

出　　版　吉林出版集团
　　　　　吉林科学技术出版社
发　　行　吉林科学技术出版社
地　　址　长春市净月区福祉大路 5788 号
邮　　编　130118
发行部电话 / 传真　0431-81629529　81629530　81629531
　　　　　　　　　　81629532　81629533　81629534
储运部电话　0431-86059116
编辑部电话　0431-81629518
网　　址　www.jlstp.net
印　　刷　北京一鑫印务有限责任公司

书　　号　ISBN 978-7-5384-6145-9
定　　价　33.00元
如有印装质量问题可寄出版社调换

序　言

十一届全国人大副委员长、中国科学院前院长、两院院士

（签名）

　　放眼21世纪，科学技术将以无法想象的速度迅猛发展，知识经济将全面崛起，国际竞争与合作将出现前所未有的激烈和广泛局面。在严峻的挑战面前，中华民族靠什么屹立于世界民族之林？靠人才，靠德、智、体、能、美全面发展的一代新人。今天的中小学生届时将要肩负起民族强盛的历史使命。为此，我们的知识界、出版界都应责无旁贷地多为他们提供丰富的精神养料。现在，一套大型的向广大青少年传播世界科学技术史知识的科普读物《世

_____

界五千年科技故事丛书》出版面世了。

　　由中国科学院自然科学研究所、清华大学科技史暨古文献研究所、中国中医研究院医史文献研究所和温州师范学院、吉林省科普作家协会的同志们共同撰写的这套丛书，以世界五千年科学技术史为经，以各时代杰出的科技精英的科技创新活动作纬，勾画了世界科技发展的生动图景。作者着力于科学性与可读性相结合，思想性与趣味性相结合，历史性与时代性相结合，通过故事来讲述科学发现的真实历史条件和科学工作的艰苦性。本书中介绍了科学家们独立思考、敢于怀疑、勇于创新、百折不挠、求真务实的科学精神和他们在工作生活中宝贵的协作、友爱、宽容的人文精神。使青少年读者从科学家的故事中感受科学大师们的智慧、科学的思维方法和实验方法，受到有益的思想启迪。从有关人类重大科技活动的故事中，引起对人类社会发展重大问题的密切关注，全面地理解科学，树立正确的科学观，在知识经济时代理智地对待科学、对待社会、对待人生。阅读这套丛书是对课本的很好补充，是进行素质教育的理想读物。

　　读史使人明智。在历史的长河中，中华民族曾经创造了灿烂的科技文明，明代以前我国的科技一直处于世界领先地位，产生过张衡、张仲景、祖冲之、僧一行、沈括、郭守敬、李时珍、徐光启、宋应星这样一批具有世界影响的科学家，而在近现代，中国具有世界级影响的科学家并不多，与我们这个有着13亿人口的泱泱大国并不相称，与世界先进科技水平相比较，在总体上我国的科技水平还存在着较大差距。当今世界各国都把科学技术视为推动社会发展的巨大动力，把培养科技创新人才当做提高创新能力的战略方针。我国也不失时机地确立了科技兴国战略，确立了全面实施素质教育，提高全民素质，培养适应21世纪需要的创新人才的战略决策。党的十六大又提出要形成全民学习、终身学习的学习型社会，形成比较完善的科技和文化创新体系。要全面建设小康社会，加快推进社会主义现代化建设，我们需要一代具有创新精神的人才，需要更多更伟大的科学家和工程技术人才。我真诚地希望这套丛书能激发青少年爱祖国、爱科学的热情，树立起献身科技事业的信念，努力拼搏，勇攀高峰，争当新世纪的优秀科技创新人才。

目　录

目 录

外星人与金字塔

阳春三月，风和日丽，是旅游的好季节。埃及首都开罗附近的金字塔，以其神奇和雄伟吸引着众多的国内外游客。人们在凝神地欣赏着这世人为之称奇的绝妙古建筑。远处，淡蓝色的天空映衬着奇异的塔身，使它显得庄严而又宁静。面对着金字塔，人们的思绪被融进了埃及远古的悠悠历史，袒露在眼前的是一片世纪前的荒漠，也许等到天荒地老，金字塔也难吐真言。游人陷入了深深的遐想之中。

突然，一阵粗犷的喊声打破了和谐而又宁静的气氛，"喂，快下来，金字塔不能攀爬，你会丧命的"。人们的沉思被打断了，循声望去，只见一个小伙子，撇开众人向金字塔顶爬去，瞧着导游那紧张气愤的样子，看来不像是仅仅因为游客违反纪律那样简单。原来，这涉及金字塔一个古老的传说——法老的咒语（法老是古埃及对国王的尊称）。据说法老为了死后不受世人的搅扰，在临死前留下了毒咒，任何人胆敢爬上金字塔都不得善终。

"那简直是太恐怖了，真是太可怕了！"一位目睹惨剧发生的女游客布莲达·森逊说。她当时正与旅游团的其他75名游客在那里参观。"那孩子在塔顶上停了几分钟，便像喝醉酒一样摇摇晃晃地滚了下来，跌落在地面。他肯定是摔死了，可怜的孩子"。森逊女士惊恐地述说着。

死者是21岁的英国游客彼德·法南根，出于对金字塔的强烈好奇心，乘旁人不注意，悄悄地沿西面石壁爬了上去。爬了一段后，他曾向同伴和导游大叫："你们看，我快爬到塔顶了"。他不顾导游奥士文·拿夏斯的警告，继续向上攀爬。法南根爬上了塔顶，许多游客聚集在下面抬头观看，只见他斜躺在塔顶，一副悠然自得的样子；也有目击者说，他当时似乎是一副昏昏欲睡、神志不清的模样。

"忽然之间——我也不知究竟是怎么回事——他像一段木头似的从塔顶飞快地滚落下来"，警察夏迪·艾卡烈说。

法南根的死，为爬金字塔而摔死的记录中又增加了一人。根据当地警方记录，从1940年至今，因此而死亡的人已有200人之多。

　　法老的咒语真的有这样大的魔力倒未必有谁相信，但金字塔的建造者们是否为了保护它而采取了什么有效的防护措施倒是让人迷惑不解。是什么呢？真是个谜。埃及金字塔是世界古代建筑七大奇迹之冠，从古至今，它的无数难解之谜吸引着世人去研究和探索。然而，时至今日，人们对金字塔的一个个谜团仍然难以做出令人信服和满意的解释。面对着建造技术远不如现代的古老建筑，人们竟然显得如此无所作为，真是太不可思议了。

　　据考证，埃及金字塔建于公元前2850—公元前1800年。其中最著名的也是单个工程最大的金字塔是胡夫金字塔（也称大金字塔）。传说它是埃及第4王朝法老胡夫的陵墓。塔高146.59米，塔基每边长250米，整座塔由250万块石头砌成，平均每块石头重约2.5吨，最重的达17吨，整个陵墓重600多万吨，相当于50层摩天大楼高。在1889年法国巴黎埃菲尔铁塔建成以前，它一直是地球上最高的建筑。

　　这样巨大而雄伟的建筑是谁建造的？又是如何建造的呢？

　　古埃及人的聪明才智虽然一直为世人所称道，但是早在距今约5000年前就能够建造出如此辉煌的建筑却令人大惑不解。人们虽然在金字塔中发现了大量的铭文，壁画、纸草、文献等，但至今仍未找到关于建造金字塔的设计图纸和文字记载。关于金字塔的建造一直是众说纷纭，莫衷一是。有人称金字塔是由几十万奴隶大军在监工的皮鞭下建成的。在炎热而又干旱的大地上，奴隶们将巨石从山体上开凿下来，先用木船类的运载工具沿尼罗河运输。在陆地上则将滚木垫在石头下面，一点点向前拖运，然后沿着人工修筑的漫长斜坡道将石头一块块垒起来，金字塔也就慢慢建成了。然而，事情也许未必是这样简单。

远在5000年前，尼罗河三角洲地区人口并不稠密，地域也有限，而建造这样大的金字塔不仅需要数十万奴隶，大批监工，而且还要有许多工程人员、水手、商人、农夫、僧侣、官员及其家属。那么，有限的农业收成何以养活如此众多的工程大军呢？

说起用滚木拖运石料，更是令人不解。石料来自于尼罗河对岸或上游的阿斯旺地区。埃及地处沙漠广布的非洲，树木稀少。当然，尼罗河三角洲肥沃的土地上确实生长着许多棕榈树，但是棕榈果是人们不可缺少的食物，棕榈叶又是他们挡风遮雨的唯一材料。也许，工程所需的250万块石头的一半尚未运完，棕榈树已经再也见不到踪影了。人们岂不要饿着肚子去干苦力了吗？可是，除了用滚木运石之外，我们也确实想象不出更好的办法替古人来分忧了。

最神奇和令人迷惑不解的是关于金字塔的数字问题。这方面，胡夫金字塔所包含的谜最多。用塔高的两倍除以塔底面积等于著名的圆周率 π =3.14 159；塔高146.59乘以10亿的得数约为地球到太阳的距离（14 624万千米），这是一个天文单位；塔基周长是927.7米，这个数我们太熟悉了，它是一年天数的100倍；穿过胡夫金字塔的经线把地球上的洲和洋恰好一分为二。在塔的精度方面，塔的东南角和西南角的高度仅仅相差1.27厘米，底面各边长相差不超过20厘米；胡夫金字塔的方位确定精确得让人叫绝，在1%精度内它的边、角方面的误差微乎其微，仅有2'30"，几乎为零；所用的250万块巨石是在经过精心雕刻后垒砌起来的，石块之间的接缝严密到2.54/100 000，以至于人们想在缝隙里插进一把锋利的铅笔刀都感到非常困难。

这些数字毫无疑问地反映出了金字塔制造者们的极高智慧。那么，远在5000年前的古埃及人就已经有了如此的能力吗？这实在是让人无法理解。有一些学者说：尽管如此，金字塔仍然是古埃及人的杰作，而那些奇妙的数字并不是建造者们有意而为，而仅仅是一些巧合。

这就好比用我们手中这本书的规格数据，就可以和物理学众多的常数中的某一个对应起来，甚至相等，这难道能说是设计书的人是想把这个物理常数隐喻在书里吗？因此它只能是一个巧合。另外一些学者则认为，产生如此众多的"巧合"是难以理解或是不可能的，甚至认为这样复杂精确的工程只有使用电子计算机才能完成。可是在5000年前连电都没有发明，计算机从何谈起。从这个观点出发，如果地球上的人类在当时还不具备建造金字塔的能力，那么能是谁呢？现在人们十分关注的一种观点是，来自于外星球的高智能生物是金字塔的缔造者。不同的观点，见仁见智，为金字塔罩上了一层更加神秘的色彩。

有人说，埃及金字塔是谜的世界，的确如此。

早在20世纪40年代，科学家们在胡夫金字塔的墓室里发现了没有腐烂变质的猫、狗尸体和水果。墓室内的空气并不干燥，可是这些尸体却一点儿也不腐烂发臭，反而脱水成为木乃伊。金字塔里似乎隐藏着保护生物体不腐烂变质的神奇能量；这些能量来自哪里，科学家们感到迷惑不解。法国人布菲认为，能量是来自于金字塔奇特的设计。他仿照金字塔按千分之一比例做了一个小金字塔，严格按照金字塔的方位放置，在距底面1/3高度（金字塔内殡室的位置）放置了一只刚死的猫，这只死猫竟然也变成了一具木乃伊。捷克工程师卡里尔·杜拜尔得知了布菲的发现后，便用马粪纸做了类似的实验，并也获得了成功。从此，杜拜尔便开始致力于"金字塔能"的研究。他发现金字塔能除具有干燥生物体的功能外，还可以洁净用水、食品保鲜、改进酒味、促进植物生长、抛光珠宝、磨快剃刀等。1959年他发明的"法老磨刀片器"获得了捷克的发明专利。捷克专利委员会的官员承认，放在金字塔模型内的刀片确实比原来锋利了，这绝不是欺骗和魔术。从此，西方掀起一股研究"金字塔能"的热潮。研究成果也进入了商业市场，出现了许许多多金字塔制品公司，商店里可以看到用金字塔形的包装来出售的鲜奶及其他食品。许多学者和金字塔迷纷纷利用各种材料制成金字塔模型，都希望搞清神奇的能量究竟来自哪里。后来，美国物理学家格·帕特利克·费拉纳经过深入考查和研究认为这是由于金字塔采用了一种特殊的几何结构，使来自于宇宙空间各个方向的微波最有效地汇集到金字塔内，形成微波谐振腔体，并在动物尸体内产生热效应，即可以杀菌，又能使尸体内的水分迅速蒸发，形成干尸，历时数千年而不腐。

　　"金字塔能"又是一道谜墙。早在5000年前，古人还很愚昧落后，生产力还很低下，怎么可能掌握如此先进的技术呢?

　　透过金字塔的一个个谜，我们似乎隐隐约约地看到一个神奇的影子，是谁建造了如此神奇的金字塔呢？是外星人吗？瑞士学者埃里奇·冯·达尼肯是提出"外星人曾光临地球"观点的著名人士。他费时数年，涉足世界许多地方，收集了大量资料，写出了《众神之车》一书。他在书中提出，金字塔如果是地球人所建造，则有许多地方根本解释不通。他根据金字塔与天文学、数学、物理学、天体力学之间的神秘关系，以及对金字塔建造精度、建筑方法的考证认为，金字塔是由具有高度智慧的外星人在5000年前来到地球探访时为了某种目的所建造的。对此人们虽然还不能完全证实，但现在我们还找不出更多的证据来反对达尼肯的观点。那么只有让历史来揭开这个谜了。

神秘的复活节岛

　　1687年，英国一艘民间武装帆船行驶在烟波浩渺的南太平洋海面上。当船长爱德华·德比斯指挥着帆船正常前进时，狂风卷着乌云顷刻间笼罩了天空。船员们还未来得及收帆，无情的暴雨便抽打在人们的脸上。波涛汹涌的大海中，帆船仿佛像一片树叶上下颠簸，显得那样渺小。很快，船就失去了控制，任凭海浪的抽打，随波漂荡着。

　　暴风雨过后，海面出奇的平静。人们暗自庆幸，死神终于离开了他们。这时，船长德比斯正眺望着远方，在遥远的海平面上，他看见了一块未曾见过的陆地。于是找来一位老资格的海员询问，可是他也不知道有这么一块陆地。远远望去，那块陆地的海岸似乎是平坦的沙滩，陆地深处隐约显露出几座高耸的山峰。

德比斯船长本打算驶近陆地，将船停靠在岸边，踏上这块意外发现的陆地，去看看这未知的世界。可是，由于长时间的漂流，被那场暴风雨折磨的船已经严重损坏了，粮食和淡水也所剩无几，只好尽快返回出发地——贝尔埃港。回到贝尔埃后，德比斯船长便发表了自己的航海日志。多数航海家认为，那块陆地很可能是南太平洋中一块未知大陆。直到35年后人们才知道，那块陆地不过是一个海岛，即复活节岛。德比斯船长是见到这个海岛的第一个欧洲人。

复活节岛的名称第一次被记录在案是在1722年。这一年的4月5日，星期日，恰好是复活节，由海军上将雅各布·罗赫温率领的荷兰远征军"阿莱娜"号军舰驶抵该岛。于是，罗赫温船长将这座海岛命名为"复活节岛"。

复活节岛的面积只有117平方千米，略呈三角形，岛上有3座模样怪异的火山，是个荒凉狭小又远离大陆的小岛。它离最近的智利西海岸有3 000多千米。虽然地理志上把复活节岛称为"南海乐园"，但实际上这里与"乐园"相去甚远。这一带的海域终年刮大风，风势吓人，且寒气逼人。整个岛大部分被鹅卵石所覆盖，难以行走。由于岛上地表土层很薄，而水中又富含盐分，所以很难见到大型植物。如此荒凉的孤岛上，自然人口很少，据记载，该岛被发现时，岛上土著居民只有1 400人。当"阿莱娜"号军舰突然出现时，岛上的土著人显得异常惊奇。不久，他们的惊奇变成了好奇，胆子大一些的人甚至爬上军舰，顺手牵羊地拿走一些物品，比如水手的帽子、手套、餐桌上的刀叉、台布等。不过对于水手们来说，这是些不值钱的东西。舰上的军官们对土著居民的行为十分气愤，于是命令士兵开炮。那些土著居民根本不知大炮为何物，只是好奇并乐呵呵地听着大炮的轰响，令舰上的人们哭笑不得。他们转而觉得开炮显得太缺乏度量，于是将荷兰国旗送给他们做护身符，土著居民对此却感到莫明其妙。

当舰上的人把注意力从土著居民身上转移到岛上时，他们被岛上的奇异景象惊呆了。在复活节岛的南部，他们看到了一个巨大的石墙残迹，石墙的后面耸立着几百尊大小不等的石像，这些石像外貌奇特，个个长脸、长耳，眼窝深陷，闭着嘴却撅着高高的嘴唇，身上还刻有人物和飞鸟鸣禽的花纹，它们昂首挺胸，眺望着远方。

经过调查，发现岛上的石像多达600多尊，一般石像高4—5米，重5—10吨，较大的石像有10米高，多集中在该岛北部的奥诺拉拉库火山附近，有30尊左右。最大的一尊石像高达21.8米，据称有50吨重。在岛上的石像当中，多数是半身像，每4—6尊为一组，安放在一个石台上。

在走马观花般地看完巨大石像后，罗赫温船长便带着他的"阿莱娜"号军舰扬帆返航了。他认为这些石像不过是复活节岛上居民崇拜的偶像，并没有认真地去探究它们的来历。

他在航海日记中写道："他们（岛民们）点燃了火把，把火放在石像的前面，然后人们就蹲在石像的前面叩头，双手合十，不断地上下摆动。"

小小的复活节岛，由于神秘的巨人石像而名扬四海，从罗赫温上将登上该岛至今的近300年间，有无数的探险家、科学家和考古学家们光临岛上，进行了大量的探查和研究。但是，时至今日，这些神秘的巨人石像所引出的一个个谜团仍然没有解开。

面对着神奇的石像，人们不禁一次次地发问，它们究竟代表什么呢？又是谁雕刻的呢？

他们用的是什么工具，又是怎样把巨大的石像运到现场的呢？更为奇怪的是，石像与石帽所用的并不是同一种石料，它们分别采自不同的地方。那么，石帽是如何戴上去的？对此，岛上的居民自己也并不知道这些石像的来历，他们中间没有任何人亲自参加过石像的雕刻，对这些石像也说不出个所以然来。

著名的挪威探险家、人类文化学者托尔·海雅尔达曾经对这些巨大的石像进行过一番调查。他在采石场附近和火山口周围发现了数以百计未完成的雕像，数以千计的石头工具以及简陋的石斧弃置一处，整个雕琢工作好像是在极为匆忙的情况下猝然停顿的。今天，去复活节岛参观的人们仍然可以看到当时工匠们仓皇离开时丢弃的工具，以及尚未完工的巨大石雕像。是什么原因使当时雕琢石像的工作突然中断，学者们众说纷纭，一直也未能做出合理的解释。

　　无论如何，仅仅把雕像的制作和竖立归功于岛上的土著人是难以理解的。雕刻和运送复活节岛的巨型石雕所需要的劳动量并不比建造埃及金字塔小，但金字塔的建造或许还可以用几十万奴隶大军屈服于法老的意志，在监工的皮鞭下建成来解释的话，那么复活节岛仅有的数千土著居民，他们中的部分人要耕种土地、外出捕鱼，还有些人要织衣、结绳，又没有严密的集中的权力组织，如何完成巨型石像的雕刻和运送工作呢？如果还要让他们将这些巨大的石像矗立在荒岛上，那就更是难上加难了。

　　复活节岛神秘现象的研究者们在千方百计地为"土著人建造说"寻找各种各样的根据，但是尽管他们绞尽了脑汁，所得出的结论还是难以令人信服。

挪威人类学家、探险家索尔·海厄达尔考察了复活节岛后认为，石像是由土著人用Y形弯底像大雪橇一样的工具在铺满茅草和芦苇的道路上从火山口拖到海边的。为了证明这一假设，海厄达尔做了一个试验，他让180名岛民把一尊10吨重的石像捆在木橇上，让人们前拉后推，结果实验成功了。然而当成功的喜悦还未从脸上消失的时候，有些学者就提出了不同意见，他们认为在沙滩上做这种试验与实际情况相去太远，因为从加工场地到海边的途中到处都是由火山熔岩形成的沟壑和缝隙，坑坑洼洼，凸凹不平。这种方法如何使得。

更有大胆的想象者认为，岛民们把石像雕好后，利用岛上的小型地震将雕像移至事先准备好的位置。显而易见，靠这种无法预知、无规律活动的地震来移动石像恐怕是件旷日持久的事情，更何况这种颠簸会使石像在半路上就四分五裂了。

在岛上土著居民中流传的一个口头传说为复活节岛探秘的学者们带来了一线曙光。传说的大概意思：在古代，有一批飞人从天上降临该岛，他们在岛上做了许多事情，并升起火来。岛上至今还保存着的一些瞪着铜铃般大眼的飞行生物雕刻品为这一传说做了证明。据此，有些学者坚定不移地认为，岛上居民根本无法建造这些巨大的雕像，是外星人选择了太平洋中这座孤岛作为自己宇宙飞船的基地，并雕刻建造了这些石雕像。远在几千年前曾经访问过地球的那些天外来客出于某种需要，将整座山头削为平地，坚硬无比的火山岩像奶油一样被切开，上万吨的巨石散落各处。立在海岸边上的石像好像机器人一样凝视着远方，仿佛在等待着主人把他们重新开动起来。在石像的制作过程中，未等完工，突然发生了什么变故，或是他们居住的星球突然发来了回返的命令，使他们丢下手头的工作匆匆离开了。

与石像一样令人不解的是岛上的奇特文字标本。它是一种刻满难懂的象形文字的小木板，它们不同于目前人类所知的任何一种文字，1864年，岛上的法国主教埃仁·埃依洛第一个看到了这种刻有古怪符号的木板，埃依洛知道，复活节岛上的土著人根本不懂文字，可现在却在岛上发现了这种象形文字，他不由得大为惊奇。这一发现再一次使复活节岛闻名全球。科学家、航海家、探险家和考古学家们纷纷拥上这座荒凉的孤岛，寻找它的古文化遗迹，并企盼着能通过破译这些文字使复活节岛的谜团大白于天下。但令人遗憾的是，埃依洛为了防止多神教在岛上出现，影响他的地位，下令将那些刻有象形文字的小木块统统烧毁，得以幸存的只有后来人们陆续发现的十几块。它们至今还被保存在世界各地的博物馆中。目前还没有任何人能将木片上的文字解读出来，使原本就十分神秘的复活节岛又罩上了一层新的神秘面纱。今天，复活节岛的珍贵文物已成为全人类的文化遗产，并得到国际组织保护。倒塌的石像重新被竖立起来，毁坏的平台得以修复。1967年，联合国教科文组织成立了复活节岛特别委员会，专门负责岛上的文物保护。许多学者仍在不遗余力地试图揭开复活节岛的一层层神秘面纱。世人期待总有一天，岛上的一个个谜团会大白于天下。

荒野岩画与地图

在20世纪40年代初，坐飞机上天的目的仅仅是为了游乐，这在当时是少见的。可在南美洲的秘鲁，一位阔佬，为了显示自己的富有，特意租坐一架小型飞机到天上去取乐。

飞机载着阔佬在秘鲁的纳斯卡荒原上空飞行着。这片古老的荒原位于印加帝国首都库斯科附近，荒原上布满了低矮的小丘。兴高采烈的阔佬居高临下地观看着这荒无人迹的景色。

当飞机飞抵利马以南470千米上空时，他似乎发现了什么，于是手指着远方的一片高地向驾驶员发问："喂，你看那地方究竟是什么东西？"

"那不过是一片荒凉的高地，别的什么也没有。"驾驶员随便敷衍着。但是阔佬对驾驶员的回答并不满意："我看那片高地上好像有一些奇怪的图案。"这回驾驶员才开始用心观察，也看到了高地上极不寻常的现象，于是他驾机在那片高地上空盘旋。越是仔细观察，图案越清晰，所见景象使二人目瞪口呆。广阔的荒原上布满了三角形，平行四边形和螺旋形的线条，有的就像是随意涂抹的，但却并不是杂乱无章。在几何图形中还极有规律地按一定距离重复出现各种各样的动物和植物的轮廓，大小由几千米到几十千米。这些动物有的是巨鸟，有的是类似蜘蛛的多足动物，还有的像鲸、孔雀和鹰。更奇怪的是，这些重复出现的动物形状、大小和顺序完全一样，好像一台巨型打印机在地上打出来的。

　　当飞机返回纳斯卡城后，阔佬便将他在空中看到的神奇图案一事迫不及待地告诉了他的亲朋好友们……消息很快就惊动了学者们，他们纷纷来到纳斯卡荒原进行考察研究。

　　戈索克博士是研究南美洲古文化的资深学者，在获得消息后，于1941年到达了现场，并从空中和陆地对岩画进行了全面深入的研究。他发现，这些神秘的图形是由一些黑色石块从异地运来拼装起来的，它们与原来高地上的基岩并不相同。多少年来，人们在这里生活，却从未感觉到这里还有如此巨大的神奇图案。也许正如诗中所说："不识庐山真面目，只缘身在此山中"吧。如此巨大的图案，不身临其上确实难以窥其全貌。

戈索克博士的研究结果表明，这些巨幅图案既不是道路，也不是为人类所用的路标，更不是耕作的田垄。那么，是什么人出于什么目的，创造了如此奇迹呢？没有人能做出完全令人信服的解释。

在众多的巨画中，有一幅位于皮斯克峡谷的高地上，图案显示的是两条平行的直线，根据它们的位置和形状看，很像是一条古老的街道，宽度大约7.3米，在直线旁侧，有类似蜘蛛和鸟的画像，与两条直线相比，两只动物图案之大令人叹为观止。站在地面上根本无法辨认这些图形，只有从空中才能一览无余。可是，巨画的制造者们做出如此巨大的图画究竟是为了让谁看呢？答案也许只有一个，即只有经过这一带的飞机上的乘客才能看到地面巨画，可是在描绘这些图案的当年，地球上还没有发明飞机，而且在高地上用石头拼砌成图案之前先要设计一幅草图，然后再将其放大。指挥施工也只有在高空才行。难道那时真的有飞机日夜盘旋在天空吗？如果真的有飞机的话，那绝不会是地球人制造的。据考证，从南美洲北部南下的古印加人，在人们发现巨型岩画之前并不知道这片高地已有这些巨画留在那里，可见巨画是在印加人来到之前就已建造完成了，显然和古印加人的文明没有什么关系。

一位名叫玛丽亚·拉伊埃的女数学家对岩画的研究获得了秘鲁当局的极高评价。这位女数学家与助手库尔德对巨画做出如下结论：那不是些单纯的花纹，其中包含着某种意义，一个含义就是那些图形是外星人设立的标志。另外，它们也是外星人多次造访地球时用以起落飞船的跑道。

18世纪初，有人在土耳其伊斯坦布尔的托普卡比王宫发现了几张古老地图。这些地图原属于16世纪土耳其奥斯曼帝国海军舰队司令比瑞·雷斯上将的。地图并非都是雷斯上将亲手绘制，其中相当一部分是从古人所绘的地图中复制的。雷斯在一张地图注释中这样写道："为绘制这些地图，我参照了20幅古地图，还有4位葡萄牙人所著的航海指南和一幅哥伦布制的地图。"

美国地图制图专家们在30多年前对这些地图进行了研究，发现这些古老的地图绘制的地形资料十分齐全，于是他们制作出一个坐标图，再按坐标将地形投绘到现代地球仪上，结果十分令人惊奇。这些数百年前的古地图绘制得非常精确，不但死海和地中海地区的资料很准确，而且连美洲海岸、南极洲轮廓及内陆山脉、河流、高原等都十分准确地在图上描绘出来。不仅如此，图上还记录了南极山脉的情况及很多直到20世纪中期才被发现的一些地方。

这些覆盖于大陆冰川之下的南极山脉的地形是1952年人们借助回声探测仪才绘制到地图上的。可是，在几百年甚至更早之前就已经标明在比瑞·雷斯的地图上了。难道古人们曾经涉足过现代人还未曾完全了解的南极吗？这实在让人觉得不可思议。

人们对地图做进一步的研究发现，这些古地图上看不到经纬线，在图的边部陆地的形状和海岸线有不同程度的变形。这个特点竟与第二次世界大战中美国空军采用空中制图法拍摄的地图十分相似。专家们又把古地图与人造地球卫星拍摄的地球照片做比较，证明二者极其相似，表明古地图是从高空拍下的航空照片。造成这种现象的原因是因为地球是个球体，当飞行器中的照相机镜头对准地表拍照时，正下方的地表形态十分准确地被拍摄下来，而周围的地方越向外视差越大，所以照片边部陆地和海岸线就会歪斜走样。

即使是在当今的科学技术条件下，要绘制这样的地图，除了要有空中飞行的技术外，还必须要有空中摄影技术才行。在生产力和科学技术水平极为低下的古代，这些条件是绝对办不到的，但地图却毫无疑问地来自于古代，这份殊荣究竟应该属于谁呢？人们想到了天外来客——外星人。是他们乘坐宇宙飞船来到地球上空，面对着这颗神奇而又美丽的星球，他们启动了自己先进的照相设备，将地球的倩影留在一张张图片上。当他们返回太空时，将一部分图片留在了地球上，当地球人学会绘制地图时，图片上的资料便渐渐地为他们所用，成了地图中的内容。比瑞·雷斯上将的地图也许就是这样得来的。

当然，想证实这是天外来客之作目前还很难做到，但是人们也同样没有证据说一定不是这样，因为这些古老的地图实在太神奇了。

古老的华夏遗谜

  中国是龙的故乡，炎黄子孙是龙的传人，千百年来我们一直把龙作为中华民族的象征，作为令人敬仰的神灵。历代皇帝都被认为是龙的化身，称为真龙天子，身体称为龙体，衣服称为龙袍，甚至连皇帝喜怒哀乐的表情都被称之为"龙颜"。时至今日，谁也未曾见过"龙"这种奇怪的动物，古生物学家们也从未发现过"龙"的化石。那"叶公好龙"的故事也不过是奉劝人们要言行一致的寓言罢了。

  然而仔细想来，事又蹊跷，古代人们是根据什么想象出龙这样一种神奇的动物，为什么就偏偏相信天上有龙呢？而且这信念千百年来是那样挚诚，那样不可动摇。如果古人没有见过飞行于空中的"龙"，何以能形成关于龙的观念，如果他们没见过有人"乘龙而降"，何以产生驾龙飞天的想象？难道古时候真的有"龙"或者什么像龙的动物出现过吗？

还有一个传说，也像龙的传说一样神秘而有趣。

有一种路神，常常从天上匆匆走过。这路神十分奇怪，每次路过时从不显形，人们看到的只是它头上戴的草帽在空中飘飘悠悠的慢慢移动……

古人究竟看到了什么，把它作为龙的化身，那飘然而过的"草帽"又是什么？难道是卷起阵阵热潮的天外来客——"飞碟"吗？那就让我们翻开浩如烟海的史书，去问问古代人们究竟发现了什么。

在距今4000多年前即我国的尧帝时代，曾发生过一件十分奇特的事情，后来东晋时代的王嘉在其所著的《拾遗记》中是这样记载的：

在尧帝登基30多年的时候，有一只巨大的船浮游于西海，船上有光，夜晚明亮而白昼熄灭。海上的人看见那光有时大、有时小，好似星月出没。大船常常环绕四海游动，12年一个周期，周而复始，起名为"贯日船"，也叫"桂星船"。"羽人"住在船上，被人们称为"群仙"，他们用晨露洗漱，船体发出的光比日月更亮，海上的人们称它为"神船"。

尧帝虽然是传说中的人物，但据我国古史的年代考证，他即位于公元前2000多年，距今4000多年。故事中描述的巨船穿行于星辰之间（贯日），船体发出强光等，与现代"飞碟"（也称UFO—Unidentified flying Object，未经探明的飞行物）极为相似。据说这是关于古代外星太空船造访地球最古老的记载。

无独有偶，有一段极为有趣的故事也记载了类似的事情。据南朝《集异记》记载，唐朝开元七年（719），裴佃在广州任都督。这一年的8月1日夜晚．裴佃上床就寝．睡得正香时．却被一阵嘈杂之声惊醒，抬头望窗外，见窗棂明亮，以为到了早晨，赶紧穿戴整齐，来到大堂议事。此时兵将头领、官吏幕客等早已一应到齐，可是未等开堂议事，却有值日官来报，时辰还不到三更。众人惊得目瞪口呆，都奇怪这太阳怎么也变得不守时了呢?

裴佃留下众人坐守厅堂，等候日出。可是过了不久，不但太阳未见出来，反而发现天空变暗，夜色如初。大家重又打着灯笼回家睡觉去了。

第二天早晨，裴佃召集下属，议论昨夜天明的怪事，但毫无结果。于是他派人四处打探，回报说："岭南大都如此，岭北就没有此事了。后来有一只商船从海上回来，才弄清了夜明的原因。船上人说，"8月11日夜晚，船正在海上航行，忽然间看见一只巨鳌出海，昂首北望，双目像太阳，照耀千里，许久方才隐没，随后天色暗黑依旧。

与船上人所说的情况一对，正是把裴佃等人折腾了半夜的那个晚上。上面所说的两件奇事在古史杂记中虽有记载，但所述之事毕竟年代久远，让人全信也难。但是，发生在宋代的两桩奇事却是记录于著名诗人和科学家的笔端，不由得人们不信。

宋神宗熙宁四年（1071）11月3日，大诗人苏东坡在调任杭州通判的途中来到金山。嘉宾来临，金山寺的老僧十分高兴，盛情邀请他留住一宿，以观金山落日美景；盛情难却，苏东坡遂留住寺中。

这天晚上，天高气爽，星空灿烂。苏东坡在寺中无事凭栏，观赏这金山夜色。忽然，只见远处江中出现一个发光的物体，强烈的光亮惊得林中小鸟四处乱飞。苏东坡仿佛觉得自己置身于幻境，百思不得其解，终究没有弄明白自己看到的究竟是什么。后来写下了《游金山寺》一诗，记录了这次难忘的经历，诗中云：

试登绝顶望乡国，江南江北青山多。

羁愁畏晚寻归楫，山僧苦留看落日。

微风万顷靴文细，断霞半空鱼尾赤。

是时江月初生魄，二更夜落天深黑。

江心似有炬火明，飞焰照山栖鸟惊。

帐然归卧心莫识，非人非鬼竟何物？

与诗人苏东坡所见的江中发光体相似，宋代科学家沈括在《梦溪笔谈》卷廿一《异事》中有这样一段记载：嘉祐年间，扬州有一珠甚大，常在阴晦天气时出现。开始见于天长县水泽中，后又见于彊社湖，再后来又在新开湖中出现。前后十几年，居民行人常常见到它。有一夜忽见其珠很近，微启双壳，一道光线从壳间射出，好像横着一道金线。不一会儿，双壳大开，大小如半张席子，壳中白光如银，发光的珠有如拳大，光线强烈使人们不敢正视。十余里间林木都有影子，像是出了太阳，远处的天空被照耀得如同赤色的火焰。忽然间，它急速起飞，迅间远去了。

沈括是宋代杰出的科学家，他曾做过许多天文工作，这样一位思想严谨的学者，决不会捕风捉影。他的调查记录客观细致，又十分生动，在发光特征、飞行特征等方面与当今人们所描述的飞碟完全一致。

在我国一些地方史志中，关于不明飞行物的记载也屡见不鲜。

据《山西通志》载："明嘉靖七年（1528年10月12日），太原流星陨，光触地有声，坠而复起，人斗口，至日出方灭"。流星坠地本不是罕见的事情，但从后面所述

"坠而复起"而且一直飞入北斗七星来看，此物绝不是流星坠地，因为流星坠地后不可能再度飞起，能够克服地球重力飞起，并直入天际，恐怕只有飞碟。

山西《和顺县志》中，有一条类似沈括所见发光明珠的记载："光绪二十四年九月二十日晡刻，县城东南天鼓鸣，鸣毕望立，有黑气一道，内带球一双，色近蓝，顷刻形迹全消。"这条记录虽与沈括的《梦溪笔谈》并不出自一个时代，但其描述的"双球"与"珠"本是同类形状，或许二者是同源也是可能的。

近年来，有人考证清代苏北曾有"飞碟"基地存在。

在清人所撰《蜘蛛戏弄海舶》中是这样描述的：在海州城，有蜘蛛（奇怪飞行物）存放，不知有多少年了，人们习以为常。这些蜘蛛有时像寒月挂在云天，一动不动；有时忽上忽下大小无常；有时又在海上戏弄船舶。如此升降运行，却极其平稳，不掀半点儿风浪，使船舶中器具安稳如初。但它有时也能以强大气流掀起飞沙走石。这是一则生动细致、活灵活现的描述。从人们对这些飞行物习以为常的情况看，这里大概确实曾是古代的飞碟基地。

上述古书中所记载的稀奇事，不过是浩如烟海中的一粟。也许我们能够透过古人的视线，在寻觅不明飞行物的过程中得到一些有益的启示。

太空奇遇

　　宁静的夜晚，一弯明月高悬，如水的银辉铺洒在寂静的大地上，人们仰望天空，那皎洁的月亮总是会勾起人们无尽的遐想。诗人苏轼关于月亮的千古绝唱仿佛又回荡在耳畔：

　　明月几时有？

　　把酒问青天，

　　不知天上宫阙，

　　今夕是何年？

　　千百年来，人们一直渴望插上翅膀，飞上那神秘的广寒宫。于是有了嫦娥奔月，吴刚捧出桂花酒的一个个动人传说。

终于，人们实现了千百年来的梦想，铺设了一条通往月宫之路。1969年7月16日，美国宇航局制订的庞大的登月计划——"阿波罗登月计划"在进行了长达11年的准备之后，终于付诸实施了。

　　清晨，肯尼迪航天发射中心热闹非凡，来自世界各地的科学家和观光的人们正在等待着登月使者出发那一激动人心时刻的到来。

　　凌晨4点，3名幸运的登月使者阿姆斯特朗、奥尔德林和柯林斯被人从床上叫醒，吃过早饭后，来到肯尼迪的发射场，庄严地登上了有36层楼高的"阿波罗飞船"。伴随着震人心魄的巨响，"阿波罗Ⅱ号"宇宙飞船点火升空，踏上了登月之旅。7月20日，阿姆斯特朗和奥尔德林终于代表全人类踏上了月球，把千百年来人们登月的梦想变成了现实。他们将一块金属匾安放在月球上，上面写着：

　　"来自行星地球的人

　　在此首次踏上月球

　　公元1969年7月

　　我们为了全人类而内心宁静地来此"在这次前所未有的人类登月壮举中，从各方面都获得了巨大收获，其中登月英雄们与外星智慧生物的奇遇，更是耐人寻味。

　　在实施登月前两天，宇航员们正在紧张地进行登月的准备工作。阿姆斯特朗在用摄影机拍摄月球表面，这时，一大一小两个不明飞行物在"阿波罗II号"的下面垂直飞上来，速度极快。阿姆斯特朗惊奇中举起摄影机正待拍摄，但它们却突然拐了个直角弯消失了。片刻后，又突然出现，悬停在那里，如此多次反复，最后不见了。在目击过程中，宇航员们不但看到了两个不明飞行物之间的闪光，也明显感觉到有引力场存在。

1969年7月20日，正当宇航员奥尔德林实施登月的时候，他与美国国家航天局的指挥中心之间，曾有这样一段对话：

奥尔德林："那是什么？它到底要干什么？……我要知道这究竟是怎么回事。"

指挥中心："那儿有什么东西？"指挥中心呼叫"阿波罗II号"。

奥尔德林："这些东西很大，先生……非常大……天那，简直无法相信。我告诉你，在我的外边有另一个飞船……排列在火山口边缘……他们正在月球上注视着我们。"

显然，奥尔德林看见了从未见过的东西，从断断续续的对话中可以分析出，那一定是智慧生物所为，也许就是飞碟。尽管美国宇航局出于保密考虑删掉了这段对话，但早在登月计划准备阶段，美国所发射的"水星号"，"双子座号"系列和"阿波罗"号系列飞船都曾在太空中遇到过飞碟。

美国飞碟研究专家科诺·凯恩奇在美国宇航局公布的照片《人类最大的冒险》时发现，"阿波罗8号"拍摄的月球背面照片上有一个奇怪的圆形物体，经过技术处理，是一个巨大的不明物体。后来，托恩·威尔逊在《月球的老住户》中叙述了发现过程：

"阿波罗8号"飞过月球背面时，看到了这个正在着陆的巨大飞碟，并且成功地拍摄了那张照片。这个飞碟有方圆10千米大小。当飞船再一次飞回月球背面时，那个巨大的物体已经消失得无影无踪了。

美国有一份著名的《康顿报告》，尽管它是以反对飞碟存在而著称，但还是客观地介绍了下面一个案例：

"1965年6月4日，宇航员麦克迪维特驾驶'双子座4号'飞船正在飞向月球，忽然看见一个圆柱飞行物。两根犹如天线似的杆状物伸向外面。该圆柱体向'双子座4号'飞来，麦克迪维特正准备修正飞船轨道以免碰撞，可是又发现没有碰撞的可能，于是就开始拍照……地面工作人员也在雷达屏幕上清晰地发现了它。事后，美国宇航局公布了一张照片，上面那个圆柱形物体拖着一道模糊的尾迹。"

上面所述的一系列太空奇遇都是美国人在实施登月计划的过程中发生的事情。在航天科学很先进的苏联，也有过这方面的报道。

1981年5月14日，前苏联太空实验室"礼炮6号"已经在太空飞行工作了75天，宇航员高华丽雅诺及沙温尼克早就厌倦了这种单调乏味的太空生活，但是一想到马上就要返回地球故乡了，心中不免又激动起来，工作也有了劲头。就在他们为返回地球做准备的时候，发生了一件完全出乎意料的事情。

两位宇航员突然间发现在太空实验室窗外，有一个银色的圆球体，体积比他们的实验室约小一半。这个圆球体在进入"礼炮6号"的轨道后与它并列航行，两者保持较远的距离沉默地对峙着。沙温尼克拍下了一段影片。第二天，球状物体慢慢地接近"礼炮6号"，距离估计100米。两位宇航员通过望远镜，看清球状物共有24个窗口及3个较大的圆孔。令他们十分惊奇的是从圆孔中看见了3个与地球人相差无几的面孔。他们长着比地球人大得多的蓝眼睛，鼻梁挺直，皮肤呈棕黄色，3个"人"都面无表情，死死地盯着"礼炮6号"飞船。

两船继续靠近，只有3米的距离，双方几乎是面对面地碰在一起。苏联宇航员抑制不住激动和紧张的心情，顺手拿过一张他们用的导航图向对方展示，出乎意料，外星人旋即也向宇航员展示了一张星图，而且上面清晰地标绘着我们的太阳系。很显然，双方的初步沟通建立了相互信任的初步基础。接着，宇航员向对方竖起大拇指，表示赞许和友好，外星人似乎懂得这一动作的含意，也面无表情地竖起了拇指，好像是在回敬宇航员。这时宇航员急于同外星人进一步沟通，于是用闪光灯向对方发出了国际通用的莫尔斯电码，但没有得到对方应答。宇航员又发出一些数码，对方很快也回送一些特殊的数码。根据后来的分析，这些数码是一些复杂的方程式，至今难以解释。

这艘外星人乘坐的飞行物，与"礼炮6号"相依相伴长达3天。在后两天里，外星人曾多次走出圆形物体，在太空中自由地活动，而且既未穿宇航服，也没有供呼吸的装备，直到第4天，圆形物体才缓缓离开，渐渐消失在茫茫宇宙中。

从"礼炮6号"这次经历来看，外星人与我们地球人并未建立真正的联系，但却表现出十分的友好，也许他们匆匆离去自有原因，否则可能会跟随"礼炮6号"到地球上来做客呢。

闯入雷达网

目前，世界上许多科学家对UFO一直持怀疑态度，而且他们找出许多理由，来证实UFO不过是某种幻觉或是自然现象和人为原因所造成的。

"金星说"认为：许多人看到或拍到的UFO照片是金星。根据金星的运行规律，每250天它便出现一个最亮时期，大约持续12小时，此时也是它最接近地球的时间，特别是南半球，每天早晨日出之前最易看到它。尤其是当你驾驶汽车时，便会觉得金星与你在同方向移动，就像月亮跟着人走一样。因此，人们往往会认为是UFO在跟踪汽车。在这段时间里，世界各地天文台会收到许多发现UFO的报告。

另外一种说法是灯光的反射。在某些海域，渔民们常常用探照灯来吸引鱼群。这些灯光反射到云层上，常常会使人们误认为是UFO。另外，还有上坡行驶的汽车灯、飞机的前照灯及地面对空照射的其他灯都可能造成这种假象。在空气污染严重的工业区上空，这种情况更易出现。

此外，这些科学家们还提出了昆虫聚集反光、雷电产生火球、人造飞艇，等等，都是产生UFO假象的根源。

当然我们不能否认，这些科学家们的观点大多是对的，但是完全否定UFO的存在也不是科学的态度，因为在UFO的发现记载中，还有令人无法解释的问题。雷达中出现的UFO就是其中之一。

1978年12月22日，正是南半球的夏天，在纽芬兰，一名机师在雷达屏幕上发现了一串5只UFO，后经多方联系，该地区这段时间并没有夜航飞机，此事立刻引起轰动，最终也未能得到很好的解释。但是事情并没有结束，事隔1周之后，从惠灵顿机场的雷达中再次发现UFO的踪迹，而且在澳大利亚，有一连串目击UFO的报告，有人还拍摄了大量照片和电影。一时间，纽芬兰上空成了世界各国关注的焦点。英国BBC电视台向澳大利亚电视台高价购买了一张UFO照片，在英国电视台播出。大批新闻记者纷纷飞赴现场，许多人都亲眼目睹了UFO的身影。一位电视记者事后说，在UFO出现时，他觉得思维进入了一个新的境界，仿佛有一股神秘力量在控制他。

在纽芬兰和澳大利亚，几乎所有的报纸都刊载和评论关于UFO的出现，其中《太阳报》以整版的篇幅报道了关于UFO的消息。

某些来自官方的消息也曾谈到过雷达发现UFO的情况。

美国国防部于1965年2月5日宣布，将派一个专门小组对两份关于在雷达上发现UFO的报告进行调查。事情的起因是在这一年的1月29日，在马里兰州的一座海军军用机场里，两位雷达操纵员在荧光屏上看到了两个UFO，它们高速地接近机场。经测算，其速度达到每小时7 000千米。在距机场50千米时，这两个UFO突然急速拐弯，离开了雷达的观测范围。

1983年3月27日傍晚，前苏联高尔基机场地面指挥中心的人们正在繁忙地指挥着飞机的起降，几名雷达操纵员全神贯注地盯着雷达屏幕，不放过任何一个影响机场安全的现象。

忽然，一位监测员疑惑地对同伴们说："你们看，那是什么？"大家闻声聚拢过来，看见屏幕上出现一个雪茄型飞行物，正在向机场方向飞来。时速达230千米。极为凑巧的是，这时正好有一批航空专家在机场，听到这个消息后也迅速来到监测室，参与了这次长达40分钟的UFO监测。这个UFO大小与普通飞机相差无几，但可以明显地看出，它没有机翼和机尾，对地面的无线电联络也没有丝毫反应，在机场上空大约1 000米的高度上盘旋了40分钟，然后向高尔基市东北45°方向飞去。这是一次有多名较高水平的航空专家亲自监测到的UFO事件。因此，关于这次事件的报告，得到了前苏联有关部门的高度重视。

在我国也曾发生过UFO闯入雷达网的事件。

1958年12月24日11时7分，浙江省杭州飞机场的着陆雷达正在指挥一架客机降落，雷达导航员蒋平与操作员滕国涛在雷达监视器上发现了一个长13—15毫米，宽2—3毫米的清晰亮点。当时场区上空除了他们正引导降落的那架客机外，没有任何飞行物，于是他们判断，这是一个UFO，同时测算出它在机场以西7.2千米，高550米处，向北西3 400方向移动，速度大约每分钟1千米，同时缓缓升高到650米，然后慢慢消失。

上述UFO的发现，都是由雷达捕获的，如果说人们目击的UFO可能是由幻觉或其他自然现象引起的，那么，能够闯入雷达网的空中物体，用诸如灯光、云团、金星、人造飞艇等来加以否定就有些轻率了。英国一位航空历史学家，查尔士·杰士·史密斯教授曾对报界透露，一架世界上最庞大的雷达望远镜已经开始投入使用，并且已经追踪到UFO的行动。他还说："我确信UFO是存在的。我相信迟些时候，一些国家一定会正式承认UFO的存在。"

军政要人与UFO

中国民主革命的先驱孙中山先生早年在游览普济寺的时候曾经发生了一件奇怪的事情。

孙中山先生徒步从山下向普济寺走去，他是那样兴致勃勃，与随行人员谈笑风生。途中当他稍感疲乏、略为歇脚的时候，不免抬头向山上看去。只见普济寺门前瞬间竖起一座雄伟的牌楼，四周彩旗招展，鲜花无数，一派欢乐祥和的喜庆气氛。僧人们也都静候在牌楼之前恭候嘉宾。孙中山先生感到万分惊讶，如何要举行如此盛大的欢迎仪式，而且行动又如此迅速，就像变魔术一般。当走到跟前的时候，定睛细看，只见一个飞快旋转的巨大圆盘醒目地被簇拥在中间。此物从来未曾见过，既不知是什么材料制成的，更不知它为什么能自己旋转。片刻间，圆盘就不见踪影了。

这件事在孙中山先生头脑中留下了极为深刻的印象，以致在笔记中感慨地写道："我头脑中一向没有神异思想，但这一次不知遇到什么灵境了？"

也许孙中山先生所遇到的正是UFO，但那突然间出现的欢迎场面，却令人迷惑不解。

人们都还记得，1963年11月22日是美国历史上不寻常的一天。美国总统肯尼迪于这一天在德克萨斯州的达拉斯遇刺身亡。但是，作为世界一流科技强国的美国，有强大的侦破力量和侦破技术，却使得这件堪称美国的一号公案至今还是个不解之谜。这种状况，不由得引起了许多人的怀疑。是案子棘手，还是另有原因呢？

一个专门的调查委员会在经历了长达10个月的调查后，得出的结论：暗杀总统是李·哈维·奥斯瓦尔德一个人干的，没有背景。在押送途中将奥斯瓦尔德打死的贾克·卢比也单枪匹马，没有背景。

围绕这次暗杀，人们提出了许多疑问，并试图通过这些疑点，揭开肯尼迪总统遇刺的真相。

疑问来自四个方面。第一，凶手是从肯尼迪乘坐的汽车后方的6层楼上射击的，这个距离使得子弹出膛后6秒钟才能到达目标。而且汽车是在运动中，并且车上除肯尼迪外，还有肯尼迪夫人、德克萨斯州州长和司机等多人，命中率之高，恐怕是世界上最优秀的射击选手也难以成功。第二，子弹从肯尼迪脑后射入，在咽喉下方穿出，然后又奇怪地钻入前排德克萨斯州州长的右肩，再从右胸穿出，最后击中了州长的右臀部，据调查，凶手所用的是一支20多年前的旧步枪，那么，这子弹何以能有如此大的威力？第三，既然射击来自总统的后方，那么，为什么头骨碎片却大部分在头的左后方？更让人不解的是同他并排而坐的夫人在枪响的一刹那竟然向车后方躲避。很明显，直觉在告诉她危险来自前面。第四，肯尼迪在遇刺后抢救无效，被装入一具铜棺材，运往贝塞斯达海军医院。运抵后，海军医院的医生却发现，棺材是普通的，脑子已不在头骨里，有明显的"掉包"迹象。

公众明显地感觉到受了欺骗，纷纷要求当局说明真相，但事与愿违。新上任的总统约翰逊下了一道命令：凡涉及肯尼迪总统遇刺的调查材料，均不得在2039年前公开。

然而，事情并没有就此完结，人们从肯尼迪遇刺前在哥伦比亚大学的讲演中似乎感觉到了什么，肯尼迪说："现已查明，总统办公室一直被用来支持那个背着美国人民在暗中策划可怕的阴谋。我作为总统……应该把这一可怕的事实向所有国民宣布。"可是，还未等他宣布什么，就遇刺身亡了。

后来，聪明的记者们终于找到了这"可怕的事实"。在一盘录音带里，肯尼迪气愤地敲着桌子，要公开飞碟和外星人的事，命令部下赶紧拿出材料来。

据说，美国为了抢先与外星人建立联系，对所有这方面的资料都严加保密，守口如瓶。中央情报局一位官员曾说过："任何总统都无权要求允许他接触关于飞碟之类的档案材料"。

也许正是因为肯尼迪要打破这个清规戒律才惨遭暗杀。

1969年10月的一个夜晚，在美国佐治亚州上空出现一个UFO，这一现象被后来就任美国总统的吉米·卡特看到了。他形容这个UFO时说："很光亮，比月亮小一点。"当时的情景在卡特总统的心中留下了很深的印象，以致他在竞选总统期间宣称："如果我当选总统，将把本国有关发现UFO的片言只字向大众和科学家公布。"但遗憾的是，当卡特真的坐上了总统宝座之后，竟违背了自己的诺言，再也没有提起过关于UFO的事情。据人们分析，也许卡特如此保持沉默并非本意，而是有难言之隐。因为在卡特总统上任之后，曾经叫白宫科学顾问弗兰克·比利斯给"国家航空太空总署"呈送一份文件，其内容是要求该署主持重开对UFO的研究。但是这个提议遭到当时的该署主任罗伯特·弗罗斯蒂博士的严词拒绝，认为"这事是多余的"。从中可以看出，也许卡特是在有意暗示UFO的存在，而且他认为是十分重要的。但也有可能是卡特总统为弥补竞选总统时的诺言故意做出的姿态，而内心根本不想这么做。

与UFO曾有过谋面历史或是相关的不仅仅是上面所述的几位军政要人。一度是美国共和党总统竞选人的拜利·高华德在亚利桑那州的夜空中曾经见过UFO。有人曾经问美国总统福特，他是否相信UFO的存在，福特回答说："我在战时（第二次世界大战）的同僚（飞行员）常谈及此事，他们是诚实的，这使我不得不相信。"

当然，我们应该承认，即使是政界要人看见了UFO，人们也并不能因此肯定什么或否定什么。但有一点恐怕是大家的共识，那就是这些有身份的要人比其他人更有责任心，因为他们知道，不负责任的话会付出什么样的代价。

相遇在空中

几十年来，发生在天空中的飞机与UFO相遇的报告层出不穷，无论是在碧空万里、阳光闪烁的晴天里，还是在星光灿烂、月色溶溶的静夜中，神秘的空中遇UFO事件一直是人们十分关注的事情。

1967年2月2日，秘鲁航空公司的一架"DC-K"型客机从皮马拉飞往利马，机上载有52名乘客。

驾驶员奥斯瓦尔多·桑比蒂是一名经验丰富的机长，他驾驶着飞机平稳地进入了奇克拉约上空，飞机高度表上显示出2 000米的高度。忽然，桑比蒂发现飞机的右前方有一个发光体，他判断了一下距离，离飞机大概有几千米，但是它所发出的强烈光芒十分刺眼，就连机上乘客也看清了它那锥形的模样。几分钟后，它开始与飞机并肩飞行，其速度、高度和方向都与客机相同。随后，它便在空中像表演一样的动作起来，一会儿突然爬升，一会儿悠然下降，一会儿又瞬间加速，向飞机冲来，然后突然抬高从飞机上方呼啸而过。就这样，UFO在客机的附近折腾了足有1小时，机上的乘客个个吓得失魂落魄，都以为此命休矣。据事后人们回忆，这架UFO直径有70米，整体呈漏斗状，它那神奇的速度和灵活的飞行姿势，绝非人类飞行器所能达到。而且据飞行员讲，在与UFO相遇期间，机上所有无线电均告失灵，根本无法同地面联系，直到它离开后，才一切恢复正常。

1973年10月18日，美国报刊报道了一则令人惊奇的事件，主要内容是，在俄亥俄州，美军1架直升机险些与UFO相撞的事情。这件事引起了天文学家海尼克的注意，海尼克是一位著名的UFO研究专家。他在对此事进行调查之后认为，这是一件真实的、令人十分惊奇的UFO案，他在报告中写道：

开始时间：1973年10月18日23时05分

地点：俄亥俄州曼菲尔德附近

机号：美国空军克利夫兰基地68-1544号。

该直升机在曼菲尔德附近上空险些撞上一个不明飞行

物。美国空军克利夫兰基地的4名飞行员是机长劳伦斯·科因、上士阿里戈·杰齐、中士罗伯特·亚纳塞克和中士约翰·希利。

事情的发生完全出乎人们的意料。午夜，克利夫兰基地68—1544号直升机升空朝曼菲尔德飞去，当飞抵近曼菲尔德机场附近上空时，中士罗伯特·亚纳塞克看见航线东侧90°方向的地平线上方有一道红光。瞬间，红光变成了一个发光体，并迅速上升到与飞机相同的高度，以极快的速度向他们飞来。机长劳伦斯·科因也看到了这个飞行物，感到情况紧急，迅速拉动操纵杆，将飞机从800米降到550米的高度，试图回避开疾飞而来的发光体。同时向地面发出呼叫："曼菲尔德机场上方有一架性能极其先进的飞机吗？"然而，地面指挥塔没有应答。

就在发光体将与飞机相撞的一刹那，这奇怪的东西竟突然减速，朝西飞去，后来拐了一个45°弯，改向西北方向高速飞去。

事后，美国航空公司克利夫兰市霍普金斯机场证实，机场雷达在事发当时，曾经测到了直升机和不明飞行物。

这个案例虽然经大名鼎鼎的飞碟专家海民克调查并证实，但仍有一些人对不明飞行物持否定态度。他们认为机上人员所看到的不过是天空中飞过的一颗巨大陨石，无须如此大惊小怪。海民克博士对此予以驳斥，他撰文说："陨石不可能随意改变方向，更不可能跟踪别的飞行物。而且陨石的轨迹几乎是直线，人们能看到的时间也顶多只有1分钟。"看来这次遭遇还真是让人难以解释。

在有关UFO事件中，能够被官方证实的是极少数国家的极少数案例。在伊朗则有一件幻影式战斗机追击UFO的事件被当局所证实。

事情发生在1976年9月18日下午临近黄昏的时候。在伊朗德黑兰地区1 200米的高空，两架空军幻影式战斗机完成预定科目的飞行后与地面塔台联系，得到返航准许。机场在距德黑兰18千米的空军基地。

在飞机抵达德黑兰上空时，驾驶AX14号飞机的机长理查尔突然看见一个奇怪的飞行物在飞机前方一掠而过。他感到十分惊奇，立即与另一架幻影飞机B4M21号的保罗机长联系，问他是否也看见了。保罗不仅看见了，而且发现是一个扁圆形的奇怪物体，飞行时发出红、蓝、绿三色光线，速度极快。保罗问理查尔这个物体是不是UFO。未等对方回答，无线电联系便告中断，与地面的联系也不可能了。

两位机长开始单独面对眼前发生的突然遭遇。只见UFO在他们前方多次掠过，仿佛是在戏弄他们或是同他们做着游戏。当UFO改变方向，向前方飞去时，理查尔勇敢地追了上去，保罗见状也紧随着跟了上来。在当时，这种幻影式战斗机的性能已是比较先进的了，但尽管他们全速追赶，仍然与UFO相差一段距离，只见它左突右闪，发出刺眼的强光，根本无法靠近。

性格暴躁的理查尔被激怒了，他决定用核子火箭弹将它击落，可是在按下发射钮的同时，失望袭上他的心头，原来机上的电子控制装置完全失灵。保罗也曾尝试射击，但情况是一样的。UFO似乎玩够了，在一瞬间突然加速，以超过幻影式飞机一倍的速度消失了。

理查尔和保罗刚定下神来，忽然发现UFO不知在什么地方绕了一圈又从后面追了上来，眼看着就要与飞机相撞，在刹那间，对方却迅速升高，在飞机上方掠过，两位机长吓得出了一身冷汗。

UFO在太约3千米远的地方减慢了速度。令人惊奇的是从中又飞出一个直径约4.5米的小型UFO，它离开"母舰"后，徐徐降落在德黑兰南部，两者完全隐没不见了。随后，幻影式飞机上的无线电又恢复正常。保罗和理查尔返航后将事情发生的全部经过作了报告，当局立即派出直升机和部队进行搜索，但人们没有得到搜索结果的消息。

地处南半球的新西兰、澳大利亚地区是世界上出现

UFO较多的地区之一。1979年新年，这个地区甚至包括英国，出现了一场"UFO热"。事情是这样的：

1979年新年午夜，英国广播公司播出了一部有关UFO的影片，引起了公众极大的兴趣。这部片子是由澳大利亚墨尔本的一家电视摄影小组拍摄的，影片记录了在新西兰上空出现的UFO。

这个摄影小组在听说新西兰上空近期有飞行员看到UFO后，便找到目击者一起驾机进行寻找。终于，他们发现了UFO，它在大约20千米的远处尾随着飞机，并发出了耀眼的光芒。当飞机升高到4 000米时，它显然在加速，距飞机有16千米。行进中，飞机向左侧转弯，UFO全部暴露在视域中，这是拍摄的好机会，于是摄影师拍下了长达7分钟的影片。

影片记录了七个UFO，较近的一个看上去上部有个圆顶，四周有明亮的橘红色环状物，大体成椭圆形。

就在影片播出之后的一段时间里，新西兰和澳大利亚上空又多次出现过UFO，并受到雷达跟踪。其中有十几名澳大利亚警察证实，在1月2日凌晨，一个蓝色的发光物体飞过澳大利亚上空。新西兰军方曾派出飞机试图跟踪这些UFO，但一无所获。

奇异的日记

　　1968年的冬天，西伯利亚的天气出奇的寒冷，尽管人们穿着厚厚的棉衣，仍然冻得发抖。僵硬的手怎么也拿不住工具，十分笨拙。巴甫罗·巴斯琴科在吃力地用镐刨着地面。冰冻的土地像石头一样坚硬，一镐下去，只砸出一个白点，费了好大劲，才砸下来一小块。巴甫罗同工友们在西伯利亚的一个铁路建设工地上艰苦地工作着。

　　当巴甫罗干得正起劲时，忽然觉得镐头撞击地面的声音有些不对，仿佛听见了铁器碰撞的声音。他伏下身来细看，只见一个铁盒样的东西露出了一个小小的棱角。也许是因为这里天气寒冷，铁盒看起来并没怎么锈蚀。他将周围的冻土刨开，轻轻地将铁盒撬了出来。这是一个圆筒状的铁盒，仔细看才发现，外边包着一层浸着石蜡的布。巴甫罗预感到这个小东西一定是不同寻常的。于是他小心地剥下那层浸着石蜡的布，打开盒盖，发现里边装着一个笔记本。本子没有腐烂，看起来好像是在地下埋藏了很久。

笔记本很快被转送到了有关研究单位，经初步证明，它是在50年前被人埋入地下的。本子上的内容表明，它是1917年即俄国十月革命期间一位名叫尼古拉·斯科尔尼柯夫的日记。可是，为什么一本日记采用如此的保存方法呢？原来，上面记录了这位白俄士兵与外星人相遇的事情，日记当中有这样的记载：

【1917年11月19日】敌人的攻击越来越猛烈，我们的弹药也所剩不多了。……我以前在森林里见到的闪光原来是外星人（Aatu）的飞船。据这个外星人说，这种闪光使得飞船可以在星球间进行远距离飞行。关于推动装置的详细作用，他没有加以说明。不过，外星人爽快地同意他们的星球（Kofurr星）与我国相互交换有关政治与文化等方面的情报。

外星人为了记录我们的谈话，使用了不可思议的装置。可是当我问外星人电子管在哪里、喇叭在哪里时，他好奇地看着我，发出了像笑一般的声音。

【1917年11月24日】因为我最早与这个外星人相遇，中尉便命令我保护这个不可思议的外星人：可是在这作战的时候，我自己都有生命危险，让我怎么去保护这个外星人呢？可是这个外星人同我交上了朋友，他穿着奇特的银色服装，

带着类似天线般东西的黄皮肤的外星人，似乎无法理解死的问题。外星人看到一个士兵被击毙后一动不动地躺在地上就问："为什么他不马上站起来呀？"反之，当我问他："你们星球的人能马上复活吗"？他回答说："当然可以"。

【1917年11月28日】今天，我请外星人详细地说说有关他的故土——Kofurr星的情况，他同意了。他们所在的星球比地球或类似地球的其他行星要古老，大小和地球差不多。

古时候，亦如今天地球上那样，有着很多国家。在能够飞出自己星球的大气层去太空旅行之后约100年，所有国家都统一起来，受一个政体的领导。这使我十分惊讶。据他说，他们星球的首都比莫斯科、纽约、东京、罗马等城市都要大得多，建筑物也都比地球上任何建筑物都巨大。是用所谓的"Mennotiis"物质建造的。当我问到这种物质是用什么矿石冶炼出来的时候，外星人摇了摇头，说很难向地球上的人说明这一点。

不过，他问我是否知道塑料这种物质，我因为不懂，所以谈话就到此结束了。那么，外星人的意图到底是什么呢？

【1917年11月29日】外星人不怕寒冷，据他说，那件银色服装能防寒。我用手摸了摸那件衣服，它是用一种我从未见过的材料制成的，一点皱纹也没有，比丝绸还要薄。我问他为什么这么薄的衣服能耐寒，他却亲切地对我

说，这一点是无法让我理解的。

吃晚饭的时候，我像往常一样把自己的一份分一些给他，可是今晚他没有吃，他说他并不需要我们所吃的这种食物。他之所以一直和我们一同吃饭是因为我邀请的缘故。

【1917年12月2日】弹药已经耗尽，我军中甚至有人开始谈论投降的事。我对于布尔什维克的无产阶级革命能否成功并不理解。不过在军事上，他们确实已接近了胜利。中尉似乎不理解这种事，命令继续作战，他对于不服从命令的士兵格杀勿论。外星人走了已有两天了。我了解到他们是光明正大，爱好和平的外星人，无论在技术、文化和道德上都远比地球人先进。

尼古拉·斯科尔尼柯夫的日记就记录了这些内容，从中我们很难分辨所述情况是真是假。日记中的某些地方似乎很难让人理解，比如他们之间赖以沟通的语言问题，并没有详细地记录外星人是怎么会懂得地球人的语言的；外星人既然是来自一个比地球古老和先进得多的星球，为什么不懂死意味着什么，难道他们的进化过程从来没有发生过死这样的现象吗？还有外星人与地球人来自两个彼此完全陌生的世界，却要与俄国人交换政治文化方面的情报，岂不是有些滑稽吗？

这是一篇耐人寻味的日记。

宇宙人弃婴

正当人们对外星人的模样众说纷纭、猜测不休的时候，来自于苏联关于宇宙人弃婴的消息使人们产生了极大的兴趣。

1983年7月14日晚8点左右，在苏联中亚的吉尔吉斯加盟共和国索斯诺诺夫卡村上空，突然出现了一个火红的发光体，强光线把附近的群山和村庄照得一片通明。瞬间，一声巨响，发光体爆炸开来，响声震撼着大地，方圆10千米的范围内，人们都听到了这次爆炸的声音。爆炸产生的紫红色光亮使人感到那样阴森和恐怖。过了片刻，随着又一阵的爆炸声，天空才逐渐暗了下来，一切又恢复了平静。

事后，大批苏联军警对该地区进行了严密的监视，消息不断传送到指挥事件调查的官员那里。有人说看到了一个圆形飞行物，直径约30米，外形像飞碟；还有人说，在飞碟坠毁后燃烧的残骸中有两具形体像人的尸体。有关方面对这些消息守口如瓶，拒绝发表评论。

但是人们坚持认为那是一艘来自宇宙的飞碟在这里出事坠毁。

在爆炸发生的第二天，一位牧羊人报告说，天上掉下一个东西，负责军官埃马托夫上校立即驱车赶到出事地点，在现场发现了一个球形金属物体。它的直径为1.5米，下部有一个短短的支架，还有一个用于减缓降落速度的反推力装置，球体上有一扇紧闭着的门。专家们用仪器对球体进行了探测，证实里面没有爆炸物后，在数架直升机的监护和探照灯的照射下，埃马托夫上校命令打开球体的门。

在打开门的同时，人们一眼就看见了里面有一个安睡的婴儿。上校说这是一个"外星婴儿"，在外星宇宙飞船将要出事的时候，婴儿被放进这个急救系统，然后释放到空间，球体依靠自动控制系统安全着陆，婴儿安然无恙。

婴儿马上被送到伏龙芝医学研究所，由专家对他进行了细致的检查。乍看起来婴儿与地球上的孩子没什么区别，仔细观察发现，他没有头发、睫毛和眉毛，没有眼皮，即使在睡觉时也是睁着眼睛，眼睛是紫色的；他的手指和脚趾间有蹼，这说明他的父母能在水里生活；X光透视结果表明，他的内脏结构与地球人没有太大区别，只是心脏特别大，每分钟仅跳60次；脑电图反映，他的大脑活动比地球上成年人还要频繁；体重11.5千克，身高66厘米，年龄大约有1岁。

后来，宇宙婴儿被转送到阿拉木图儿童医院，这里的医学专家们精心护理他11周零4天，但最终他还是没能活下来。这个外星小生灵因严重感冒和感染于10月3日凌晨5点死去了。

一位曾照料过宇宙婴儿的医生透露，他从来不哭也不笑，一点儿声音也没有，像昏迷者一样躺在床上，瞪着一双紫色的大眼睛。只有通过心脏监视器才能知道他是否在睡觉。他的胳膊和腿一般情况下都不动，在给他换衣服时，却能很好地进行配合，所以我们猜想他一定十分聪明。他可以长时间不吃东西，他没有牙齿，只能喝粥，吃起来同地球婴儿一个样。他对一般的玩具置之不理，丝毫不感兴趣，唯一有反应的玩具是挂在床上方的一个机械玩具和一块闪光的铝片。

宇宙婴儿的出现，为地球人了解外星人提供了极好的素材，或许人们通过这个小生灵已经了解到许多外星人不同于地球人的心理特征和生理特征。

事隔5年，瑞士人类学家波顿·史皮拉在巴西的热带雨林中也发现了一个被遗弃的外星婴儿。由于难以与他建立语言和感情上的沟通，史皮拉原以为这是一个弱智儿童或残疾人。但是经过仔细观察，终于发现这个孩子与地球婴儿有很大区别。这个婴儿年龄在14—16个月，双眼无明显的颜色，鼻子像管子，耳朵呈尖角形。专家们认为这个婴儿是一个活证据，足以证明外星人的存在。

据说，这个外星婴儿已被送到阿诺里市南部的一个科研机构接受护理和研究。

出现在中国的UFO

　　我国幅员广大，地域辽阔，是UFO经常光顾的国家。在新疆、黑龙江、山西、贵州等地区，都曾多次出现UFO，为UFO的研究积累了大量资料。

　　早在1958年7月，任新疆部队边防军某部值勤连卫生员的翟起泉同志曾目睹了一起UFO事件。当时，值勤连驻扎在半山腰，那天下午大约4点钟，翟起泉、胡小利和肖正贵等几名同志一块下山背水。返回时，山陡路滑，大家都很疲劳，于是有人提议休息一下。忽然，空中传来很响的尖啸声，大家不约而同地抬头望去，只见一个像蒙古包似的物体在空中飞过。它从北东45°方向飞过来，高度不断降低，向离他们200米远的一个山坡降落下去。下降过程中，巨人的身躯略有晃动。落地只有1分钟左右，忽地又垂直起飞，速度极快，逐渐在高空消失。几个人都看到了这个UFO，它的颜色是淡灰色，高5—6米，大小和形状都与蒙古包相似，顶部有一条长方形的红线。

当UFO在视线中消失之后，几个人不约而同地都想到它着陆的地方看看，只见那里出现一个被压成"圆"形的印痕。在印痕中可以清晰地看到一块水桶般大小的岩石被压进了地面。

回到驻地后，他们立即将此事向上级报告，为了说明当时的情况，翟起泉同志还在报告中附了一张现场草图。

中国UFO研究会秘书长温孔华先生曾经为《飞碟探索》杂志提供一篇由林健、黄阴思所撰写的UFO目击报道。林健、黄阴思两位同志都是科技工作者，有一定的物理、化学知识。两人作为工程技术人员，常年工作在雷州半岛林区。

事情发生在1981年9月下旬的一个傍晚，当时两人正在厨房里烧饭。在外边玩耍的孩子们突然跑进厨房拉住他们就往外跑，好像是发生了什么事。当两个人莫明其妙地跟着孩子跑到屋前场地上时，一眼就看见左侧山坡的上空悬停着一个很大的物体。开始他们还以为是常见的给树木喷药的飞机呢，心里纳闷这次为什么没来电话通知？

可是，当他们定睛仔细看时，便觉得事情不对劲。

那个物体没有机翼，也没有弦窗，看不到螺旋桨，根本就不是飞机，看起来倒很像是一颗炮弹。它外表光滑，呈暗灰色，既不发光，也不反光。由于从来也没见过这样的飞行器，两人觉得十分奇怪，尤其是它靠什么力量悬浮在空中，让人百思不解。

黄阴思回屋取来了双筒望远镜，对它进行仔细观察，然后把望远镜递给林健说："这是个弹型飞艇吧？可它虽然不发生移动，却在做顺时针旋转，实在是太奇怪了。"

两人的大儿子林建军是学校业余摄影小组的成员，此情此景使他想到了应该把这个怪物拍下来，于是急忙回屋去取照相机。可是，还未等他回来，不明飞行物已掉转方向，很快向山后飞去。当它掉头时，林健从望远镜里依稀看到它尾部的空气像蒸气一样颤动，却没有一点儿声音。

最让人疑惑不解的是这个飞行物在飞行时大头朝前，这是违反常识的，因为这样不但阻力大，而且要浪费很多能量。

同是在1981年，我国还发生过一次被称之为"7.24飞碟大案"的不明飞行物事件。这次事件波及范围之广，目睹人数之多都是前所未有的。

1981年7月24日晚，我国西南、西北、华中、华南广大地区成千上万人都看到了一个形状好似盘香的螺旋形UFO。在目击者中，各行各业的人都有，有航空航天科技人员、天文爱好者、UFO中国协会会员、记者、高校师生、工程技术人员，他们遍布在全国13个省205个县市，可谓规模空前。在事件发生后的3个月里，包括新华社和《人民日报》在内的38家新闻单位和多家刊物登载、广播了这次UFO事件的文章和报道70余篇。国外UFO研究机构和个人也来函、来稿参加讨论。"7.24飞碟事件"成了轰动世界的热点。

7月24日晚6点10分左右，UFO在南京上空出现。当时，UFO从东方飞来，急速掠过南京上空，向西飞去，人们只是在瞬间看到了它，中间有一亮点，下方拖着一条带状物。

23时左右，UFO再一次光临南京上空，据当时在鲜鱼巷乘凉的人们描述，这个UFO形如烧饼，前面闪蓝光，后面拖着像火一样的长须，由南向北不紧不慢地行驶，没有任何声音。

当日晚22点33分，UFO在四川省灌县出现，一个名叫吴志宏的天文爱好者不但目睹了它的"尊容"，而且对它进行了拍照。据吴志宏说："它的形状略呈椭圆形，在空中缓缓移动，后来便慢慢喷出一条发黄光的尾巴，而且开始旋转，速度渐渐加快，这条尾巴不是一条光圈，在出现的11分钟里，带着色彩斑斓的光环，自东向西缓慢飞去。"

更为重要的证据是由四川省宜宾899厂工程师李为民

同志提供的。

7月24日晚，李为民同另外几位同志正在用经纬仪对1977年出现过的一次UFO现象进行仪器复测，验证其中一些数据。当测到最后一组数据时，时间大约在22时38分。忽然，经纬仪的镜头中出现了一个略小于满月的亮团，在天幕中位于北极星的左下方。几个人的心立刻紧张起来，这不就是1977年7月26日出现过的螺旋形UFO的再现吗？于是他们在惊喜和紧张中将这个UFO从出现到消失的整个过程的基本数据都精确地测定下来（表1）。

这是全国目前唯一的一份以仪器实测的数据报告，其重要性和可靠性都不容怀疑。

表1　UFO数据对照表

数据比较 项目 UFO	仰角		方位角		时间		全盛时	
	初始 α_1	消失 α_2	初始 β_1	消失 β_2	初始	消失	视直径r	中心张角
1977年 7.26	28°	约20°	正北	北偏西约50°	22时左右	约5′后	3°	约8′
1981年 7.24	26°	约18°	北偏西10°	北偏西约60°	22:38	22:43	5°-6°	约8′

引自龚如义《7.24螺旋形UFO探密》

7.24螺旋形飞碟是世界有关UFO事件中突出事例之一，也是唯一被我国正式报道的国内UFO事件。《人民日报》曾经通过转述美国加利福尼亚某UFO机构负责人的评论提醒人们："在地球两侧——中国西藏和美国加利福尼亚同一天观察到特征相同的飞碟，这显示了值得注意的相互关系"。这一报道充分表明了有关部门对类似现象的高度重视和客观态度。

邂逅外星人

　　地球人曾经与外星人邂逅相遇，这样的事情常有报道，目击者也活灵活现地描述着"外星人"的稀奇模样。但时至今日，我们却未曾见过实实在在的外星人，也没有见过哪怕是一张清晰的照片。但是，据此就全然否定外星人来过地球，似乎是草率了一点，也许学者们的分析和目击者的叙述会给人们的评论增加一点真实的色彩。

　　美国著名学者、UFO研究专家丁·艾伦·海尼克博士曾将地球人与UFO接触分为三类。

　　第一类接触：包括距离小于150米所进行的任何形式的观察，观察中双方没发生任何形式的接触，飞行物也未留下任何足以证明其出现的物质或痕迹。

第二类接触：指飞行物对环境产生了这样或那样的影响，包括对生命体或其他物体产生的物理效应，如烧焦的地面、植物，对电路的干扰，身体器官受到损伤等。

第三类接触：是最富于惊险和传奇色彩的，所以也是争议最多、反对者最多的一类。包括目击者在相距不到150米的地方，不但看见了不明飞行物本身，而且还目睹了飞行物的主人——类人生物或机器人。

以下是3例地球人与UFO第三类接触的案例。

1967年，美国著名飞碟研究专家海尼克对一位名叫贝蒂·安德烈森的普通妇女进行了12个月的调查。起因是这位有6个孩子的母亲声称，她与外星人建立了不同寻常的联系，担负着向地球人转达外星人忠告的任务，并说她在飞碟中和外星人度过了一段难忘的时光。海尼克的调查小组在最后提交的长达528页报告中做出的结论：情况属实。

事情发生在1967年1月25日晚间，贝蒂一家人和往常一样，吃完晚饭，各自在做着自己的事情，贝蒂正在收拾餐具。无意中，她发现厨房窗外闪过一道略带粉红色的光，随即屋里的灯光减弱了，电视机也没有了图像和声音。她向窗外看去，立刻大吃一惊。只见一队奇怪的小矮人蹦跳着向房子走来，身高有30厘米左右，那姿势仿佛是田野里的蚂蚱。

不知不觉间，他们已经穿墙而过，来到了贝蒂面前。只见他们长着与身体很不协调的梨形大脑袋，嘴巴像一条线，耳朵没有耳郭，只有两个洞，鼻子也一样，眼睛像两个大铜铃十分醒目，头顶没有一根头发，臂上戴着一只鸟形臂章。

贝蒂见到这群奇怪的生灵，吓得魂飞魄散，几乎晕了过去。她发现家里所有的人都已没了知觉，只有她自己还清醒。惊恐中，她发现这些小怪物态度很友好，并没有伤害她的意思，于是胆子慢慢又大了起来。

一个像是领头的小矮人，拿出一本很薄的蓝色封皮书，递给贝蒂看。书的前3页空白。从第4页，有一个形似线圈的物体，呈银灰色，物体有1只轮子，轮子里面有4件东西，贝蒂辨认不出是什么。

"你们来这里做什么？"贝蒂问他们。

"我们是来帮助你们的。"

"为什么？"

"因为你们的人类正在自我毁灭。你跟我们走一趟吧。"

不等贝蒂答应，已经身不由己地加入了他们的队伍，一起穿墙而过，飘升到一个不远处的飞行器里。

外星人对贝蒂进行了检查，她觉得十分漫长而不可思议，而且非常疼痛。在不知不觉间，飞行器已经来到了外星人的世界。

在这个既新奇又陌生的世界里，贝蒂由外星人带领进行了参观。她看到，这里有绿色的天空，有类似地球上的海洋，海里也有生物，景色很美。城市里的建筑物是巨大的四方形，也有的呈金字塔形，塔顶有类似头像的东西，但分辨不出性别。

后来，贝蒂又被外星人送回地球，他们对贝蒂说，他们热爱地球人类。因为地球人正在走向灭亡，所以他们将帮助地球人类。由于地球上还存在着罪恶，所以他们现在还不能把真相全部告诉地球人类，这也是保护他们自己的需要。

美国空军士兵莫迪曾参加过越南战争，他体格健壮，精神正常。1984年8月13日晚上，正在新墨西哥州霍洛曼空军基地服役的莫迪听说近日有流星雨出现，就开车到野外去观看。可是直到午夜1点20分，流星雨也未出现，于是他准备开车回去。就在这时，忽然听见一种奇怪的刷刷声，只见一架从未见过的飞行器从天而降。莫迪在空军服役14年，能辨认各种飞机，却从未见过这样的东西，心里感到万分恐惧。于是急忙躲进车内，试图开车离开。可是，无论如何汽车也发动不起来。只见那个奇怪的东西在离他15米远的地方停了下来。接着就是一个尖锐的响声，那物体上打开了一扇窗子，而且里面看起来像人影在晃动。刹那间，一片耀眼的光芒使莫迪失去了知觉。

莫迪醒来后发现，他的手表慢了1小时20分钟。据他的回忆，当时有两个外星人向他飘来，并要打开他的车门。他准备突围出去，用100千克的体重向车门连同外星人撞去。撞出车门后，挥拳打在一个外星人的脸上，有一种软绵绵的感觉。接着，笼罩车子的光就消失了。他以为自己已经死里逃生，可是不知不觉中，他已躺在一个硬板式的平台上，身体丝毫动不得，只有意识还在活动。外星人正在对他进行研究。

这些外星人长着宽大的额头，整个头都是光光的，没有一根毛，眼睛大得像铜铃，嘴唇极薄，耳朵和鼻子都很小，身高有1.5米左右，看起来个个都很纤弱。

令人惊奇的是外星人能够用英语和莫迪交谈。他们说："如果让你恢复活动，你能否不再反抗了。"莫迪表示同意。于是他们用一根金属棒触了他一下，莫迪恢复了活动。外星人带莫迪参观了他们的飞行器，并让他看了推进系统。在飞行器里，他看见外星人两脚腾空行走，简直就是飘来飘去。有一个外星人讲话是十足的女性腔调，讲的像是法文和中文的混合语。外星人告诉莫迪，他们这架航空器，不过是一只小型侦察器，更大的母机还在6 000千米以外的太空，并且还说："我们不会伤害你，永远也不会伤害你。"

莫迪重新回到了汽车上，当他再次发动时，车子并没发生故障，于是他加大油门，火速跑回家。

据说，莫迪的谈话经过测谎器分析，证明所述无疑。此外，美国有8个州的法庭都将测定的结论存档作为证据。

62岁的斯蒂芬·米凯拉克是加拿大的一位机械师，一件与不明飞行物接触的往事让他终生难以忘怀。

那还是在1967年5月20日，是个星期天，他来到距温民伯市129千米远的福尔肯湖地区去寻找矿藏，他是一位找矿爱好者。

第二天中午12点15分左右，他正在专心地查看一条石英脉，忽然听到附近传来一种奇怪的声音。当他转身想看个究竟时，突然被眼前的情景惊呆了。只见两个顶部隆起的物体正从空中徐徐下降，物体上发出强烈的紫色光线。其中的一个在平坦的岩石上着陆，另一个却以令人难以置信的速度飞快地升高，闪烁着光芒向远处飞去。着陆的飞行物在不断变换着颜色，由鲜红到暗红，再变成淡灰，最后变成橙色。据米凯拉克估计，它有1.2米宽，0.45米高。

下方有一个长方形开口，里面射出强烈的红光，而且能闻到一股令人作呕的硫磺味。后来，在发动机发出的气流声中，米凯拉克听到了有两个人说话的声音，一个人的声音比另一个大。当他试着用英语与他们交谈时，里面没人回应。

米凯拉克壮着胆子走近了飞行物，并触摸了它的表面，看起来它像是由彩色玻璃一样的钢材做成的。它表面滚烫，把他的手套都烧坏了。突然，飞行物下面喷出一股灼热的气体，米凯拉克的衬衫被烧着了，前胸出现一条明显的烧痕。飞行物也倏然间上升，很快便消失在天空中。

当时，米凯拉克就感到恶心和头痛，而且浑身冒冷汗，并呕吐了几次。医生对他的病痛也无能为力。

米凯拉克的遭遇很快传开，英国广播公司、美国《生活》杂志和加拿大广播电台的记者们纷纷采访他。加拿大皇家空军也曾派人前去调查。而且就在这段时间，温民伯市区至少发生了20起目击UFO事件。

加纳利群岛与地中海死亡三角

  在烟波浩渺的大西洋上，有一座并不十分引人注目的群岛——加纳利群岛。它位于非洲的西北部，与西地中海比邻，属于西班牙领土。岛上最主要的景观就是遍布着一座座火山。加纳利群岛虽然没有更迷人的风光，但却和地中海（特别是西地中海）构成了一个不亚于"百慕大三角"的另一个神秘地区。在这里，曾发生过多起潜艇和飞机失事事件。下面是一组统计资料：

  1905年7月6日，法国"魔鬼号"潜艇在地中海遇难；1946年，法国"2306号"潜艇在地中海遇难；1952年，法国"女预言者号"潜艇在地中海遇难；1968年1月18日，以色列的"达喀尔号"潜艇在地中海遇难；1968年1月20

日，法国"密涅瓦号"潜艇在地中海遇难；1970年3月14日，法国的"欧律狄克号"潜艇在地中海遇难。

在一个面积并不是很大的海域里，竟有这么多的潜艇失事，无怪乎有人称地中海地区是潜艇失事的"世界冠军"。值得提出的是，在这些失事惨案中，大多数根本无法解释。在这个死亡三角中，还有一个更让人惊奇的"飞机墓地"，它位于三角地带西北部第比利牛斯山脉中的卡尼古山，近几十年来，这里发生的空难事件让人触目惊心。1945年3月，一架英国解放式飞机遇难，5人死亡；1950年12月，一架摩洛哥空军的DC—3遇难，37人死亡；1963年1月，一架法国星座式军用飞机遇难，12人死亡；1963年9月，一架英国海盗式飞机遇难，40人死亡；1967年6月，一架英国DC—4型飞机遇难，88人死亡。

卡尼古山，令飞行员望而生畏，不寒而栗。地中海死亡三角成为与"百慕大死亡三角"齐名的神秘地带。这里，除了潜艇和飞机屡屡失事外，也是UFO不时光顾的地方。

1968年3月16日，在加纳利群岛上空，也就是地中海三角地区之内，发生一起客机与不明飞行物相遇事件。

这一天，斯潘塔克斯航空公司的福克尔式班机从拉斯帕尔马斯机场起飞，目的地是锡兹内罗斯市。飞机抵达锡兹内罗斯机场准备着陆时，机长突然发现在机场另一侧大约20千米远的地方有一道亮光，而且飞快地向机场方向驶来，于是他便同地面联络，询问是否有另一架飞机在附近上空，得到的回答是否定的。此时，机上乘客都看到了这个发着强光的飞行物，一个个吓得惊慌失措。事后有人说，它离班机太近了，几乎就要撞在一起，连空中小姐都被眼前的情景吓呆了。事后，空中小姐和驾驶员都被送往马德里，没能对此事证实什么。但是，西班牙空军部的公告却并没否认这次事件，相反，还发布了一份公告对此事做了补充。

"……当班机又从机场起飞返回拉斯帕尔马斯的时候，指挥塔问他是否在右侧发现了一道亮光。他回答说看到了，但应当指出的是，在整个飞行过程中并没有发生反常情况，飞行一切正常。"事后，官方的一位调查员对此事进行了调查，但调查结果并没有公之于众。

由于加纳利群岛附近经常出现UFO现象，所以得到了西班牙政府的重视。1979年3月5日19时30分至20时，这里曾发生一起十分壮观的U_{110}现象。西班牙飞碟学会（IUFO）负责人卡洛斯·切瓦利尔·马里那对此事进行了调查。许多人目击了这一现象，包括两名西班牙航空公司驾驶员、业余摄影师、机械工程师及城市居民、渔民等。

当天晚上7点30分，夕阳早已落山了，天空在渐渐地暗下来。可是西方地平线上又反常地亮了起来，好像有太阳升起似的明亮，彩霞般的光芒层次分明，这种现象持续了大约20分钟。随后，更精彩的一幕出现了，一个圆盘状的发光物体从海面慢慢升起，强烈的光线照得海面与白昼无异。巨大的光团中部泛白，向外略呈橙黄色，看上去像一只梨形，接着光团加速升空，带着绚丽的光彩向东南方向加速飞去，很快就消失在空中。它出现的精确位置是在北纬28°00'—28°30'，西经18°40'，时速约为21万千米。

十分难得的是，在UFO出现时，一位26岁的年轻业余摄影师安东尼奥·卢帕斯正在加纳利群岛的一个最大岛屿——格加纳利岛拍摄风景照片。正当他全神贯注地拍最后几张照片时，突然发现地平线附近的天空中出现了一个明亮的光晕，一瞬间，他觉得奇怪，但很快就意识到对于手拿相机的他来说是个千载难逢的好机会，于是抑制着激动的心跳，拍下了这个现象。此时UFO已跃然于海面。

据卢帕斯事后回忆，UFO尾部光线极强，使人难以看清发光体的形状。但是它在天空中飞过后，却留下了一条明显的光迹。就连云彩也被染上了光，半个小时后才消散，天空逐渐恢复了黑暗。

加纳利群岛与地中海死亡三角所发生的一桩桩令人心悸而又惊奇的神秘事件，又为科学家们出了一道难解的题。

外星人究竟什么样

在我们居住的这颗美丽的星球——地球上，有成千上万种生物，人类只是众多生物中的一种。在漫长的生物进化过程中，人类只是从无数的生存竞争中取得适应性，才进化成地球上一切生物的主宰。所以说，人类是缓慢的生物进化中的幸运产物。有人曾做过这样的回顾和推测，在生物进化过程中，如果6.45亿百万年前地球上不发生那场使恐龙灭绝的灾难，许多偶然因素所导致的进化优势首先被恐龙获得的话，它们则完全可以进化成高智能的生物，从而成为今天地球上的主宰。用我们今天的眼光看，它们应该叫"恐人"。这也许并不是一件很难想象的事情。事实上，正是由于当时的灾变，使统治地球的恐龙绝迹，这才使哺乳动物得以迅速地繁衍起来。

从这个角度出发，当我们分析和推断"外星人"的样子时，就绝不应该受到地球人的局限。如果假定外星球生命都应该在主要方面和我们这里的生命相似，这未免有些"坐井观天"了，难道千差万别的外星环境就不能造就出与地球人大相径庭的"外星人"吗？当然，这种分析和推断绝不是也不应该是胡思乱想或任意编造，而是应该建立在科学分析的基础上。

有一则笑话很有趣，说是有一位外星球的人来到地球上，当他看见加油站的售油机时，走上前去亲热地拍着它问道："像你这样一位漂亮的小姐站在这个地方干什么？"无疑，这位外星人将售油机当成了他的女同胞。这个笑话虽然夸张了些，但是它至少说明了一点，宇宙中别的星球生物可能和我们大不相同。甚至外星球生物一点也不像我们所熟悉的任何生物或机器，包括售油机。

他们完全可能是出乎所有人意料的样子，而且极有可能是不同的星球有着不同模样的生命体，因为这完全取决于他们的进化过程。

早在18世纪末，法国伟大天文学家皮埃尔·西蒙（Pierre Simon）即拉普拉斯（Laplace）侯爵（曾提出太阳起源假说）就在他的经典著作《天体力学》中写道：

"太阳的影响赋予动植物生命，而动植物现在已布满全球，类似的推论使我们相信，太阳的影响同样也会普及于其他行星。……人类是在他们喜爱的地球温度中形成的，从一切外观上看来，不可能生活在别的星球上。但是应不应该有多种多样的有机体组成形式，来适应宇宙中各种星体的不同温度呢？如果元素和气候的不同就是产生地球这一类生命体的原因，那么其他行星及它们的卫星所产生的生命又该有多么各不相同的类型啊！"

连100多年前的人都认为宇宙中的生命应该是多种多样的，我们就更应该用开阔思路去估计外星球的生命了。

例如，我们知道圆形的轮子在地球上被发明的时间并不古老，大约不到一万年，那是在古代近东地区发生的事情。我们更知道圆形轮子在路上跑起来比人的两条腿不知优越多少倍。自行车、三轮车、汽车、火车都充分体现了这一点。可以说，轮子在自然选择上显然具有很多优点。但是，在生物进化过程中，为什么地球上从来没有进化出轮子形或具有轮子功能的生物来呢？为什么地球上没有出现在公路上滚动的长着轮子的青蛙、老牛或大象呢？找到问题的答案并不困难，而且原因只有一个，那就是适合于轮子运行的公路和铁路是近代产物，轮子作为快捷的交通工具出现是在可供其滚动的路面产生之后，由于地球的陆地表面既崎岖不平又充满了障碍，广阔而平坦的表面很少，所以动物尤其是人类在进化过程中选择了两腿的方式。很明显，由脚、踝关节、膝关节及髋关节组成的腿在高低不平的地表运动起来非常的灵便自如。虽然它没有轮子跑得快，但却是最理想地选择了。

如果让我们尽情地去想象，某一行星的表面充满了平整光滑的火山熔岩，一望无际，那么，那里的生物不进化出带有轮子的器官就太不可思议了。海豹的腿为了适应水中生活而变成能够游泳用的鳍，也许能说明点什么。

美国康奈尔大学天文学系行星研究室主任、国际著名的从事探索外星球文明的天文学家卡尔·萨根（Carj Sagan）先生曾经说过："地球上生物的进化是一种随机事件，是偶然变体和因个体而异的进化的结果。生命进化早期的一点小差异，会对后期产生极大的影响。如果我们把地球的进化过程从头再重复一遍，让随机因素起作用，我相信，其结果将和现在的人类毫无相似之处。如果这种说法成立，那么在遥远的另一颗恒星周围的某个行星上，环境自然大不相同。所以他们与人类近似的希望，又该多么渺茫啊"！

按照萨根的说法，即使像我们这模样的人也并不能认定是地球生命发展的必然结果，因为生命的进化带有太大的偶然性，也绝不可能是简单的重复。

我们知道，宇宙中存在和地球一样大小、一样转速、一样旋转倾角、并离恒星一样距离的行星的概率实在太小了。因此，在别的行星上出现的重力、摩擦力、转速、直径等参数有一点变动就会影响那里生物的基本面貌。例如，在重力较小的行星上，由于生物可以更大地摆脱较小重力的束缚，所以体形会变得又长又细，为了提高运行的速度，他们无须奔跑，只要轻轻地跳跃就行了；而在大行星上，由于沉重的重力束缚，生物一定是又矮又胖，腿粗而无颈，甚至可能是像蜘蛛一样长着许多腿，中间拖着盘状的身体。没办法，为了适应环境而生存下去，他们不得不长成这个样子，在一颗远离恒星的行星上，永远见不到光线，所以那里的生命无须长眼睛，他们完全可以靠高度进化的体内超声波系统自如地奔来跑去；在另一个星球上，生活在水里的生命进化成了高智能生物，他们也许没有鼻子，而长着极其发达的腮，用腮进行呼吸。也许另一种族却长着极长的鼻子并使它钻出水而进行呼吸。他们共同构成了这颗星球上的两个大的不同民族，"无鼻族"和"长鼻族"。

　　将来，地球人可能会和其他行星上的智慧生物建立联系，他们在外貌上不可能与我们相像，那时，我们绝不应该轻视，因为我们都是生活在宇宙中的生灵，我们应该将一切陌生而先进的生命都视若同胞。

地球人并不孤独

在浩渺无际的茫茫宇宙中，除了地球人之外，是否还有智慧和生命，这是一个十分热门的话题，也是一个十分古老的问题。早在公元前4世纪，古希腊哲学家米特·罗德洛斯就曾说过："认为在无边无际的空间里只有地球上才有人居住的想法，就像整块播种了谷子的土地上只长出了独苗一样可笑"。

16世纪，伟大的天文学家哥白尼提出了"日心说"，打破了地球人将地球视为宇宙中至高无上的心理。科学家们随即提出"宇宙平等原理"，认为地球并不比其他星体特殊，它是众多天体中普通的一个。从哥白尼到布鲁诺，从布鲁诺到伽利略，人们逐步懂得了宇宙是无限的世界，地球只不过是微不足道的小小个体。那么在茫茫宇宙中，是否还有与地球类似的星球，是否还有智慧和生命，成为人们苦苦探索的问题。

今天，科学技术的迅速发展为人类探索外星智慧人提供了可能的条件，使这项工作由纯粹的理论推测逐渐转入实际工作。世界上许多科学家为此做出了不懈的努力。

从20世纪60年代起，人们就在天外来客——陨石中找到了组成生命的最基本物质氨基酸。最为著名的是麦启逊陨石，它是1969年9月28日降落在澳大利亚麦启逊镇附近的。天体物理学家对它进行了详细分析，结果令人十分振奋，竟然从陨石中发现了52种非光学活性的氨基酸。结论是显而易见的，那就是生命的种子广泛存在于广阔的宇宙之中。这一发现为人们探索宇宙生命增添了信心。

1961年11月，在美国西弗吉尼亚州格林斑克国家射电天文台举行了一次秘密会议。参加会议的有卡尔·萨根等11位科学家。会议的主题是地球以外是否存在智能生物问题。会议的秘密现在已经公开，而且这次会议被认为是一次具有重大意义的会议。

会上，天体物理学家弗兰克·德拉克提出了著名的"绿岸公式"（也称为"格林斑克"公式），科学家们通力合作进行研究，肯定并通过了这个公式，该公式的表达式为：

$N=R*f_p n_e f_c f_c L$

公式的各项分别表示：

N：表示银河系中存在的有智能生物的天体数量；

$R*$：表示一年内银河系中形成类似太阳的恒星数量的平均数；

f_p：表示在恒星系中行星所占的比例；

n_e：表示在恒星系中适合于生物生存的行星平均数；

f_c：表示住有已进化到智能生物的行星数；

f_c：表示住有已掌握发达技术的智能生物的行星数；

L：表示具有高度发达技术的文明社会能在宇宙中生存的时间。

格林班克公式的各个参数制定，充分考虑了外星智慧可能存在的方方面面因素。为了慎重起见，科学家们对等号右侧的每个参数，根据其实际可能出现的情况分别赋予一个正常值和一个最小值。

如果根据我们现在对宇宙的认识能力赋予每个参数正常值，那么：

$N=50\ 000\ 000$

如果对参数中的每一项都从最不利的角度赋值，那么：

$$N=40$$

也就是说，假定这个公式是合理的，即使按最不利的情况计算，在我们银河系中有40个星球上面居住着智能生物。而这种估计是最保守的，实际情况也许多很多。这个消息实在是太令人振奋了。每当我们想到在茫茫宇宙中，还有许多的星体上居住着各种各样的生灵，而且他们也许正在向我们接近，或者期待着我们去访问，心情就会激动不已。

如果我们将视域越过格林班克公式。看得再远一些，就会得到更奇妙的结论。现代天文学知识告诉我们，地球只是太阳系大家族中的一个"小兄弟"，而太阳系也不过是银河系中的一个小角落，在银河系200亿颗星体中显得微不足道。在银河系外，还有河外星系、星系团、超星系团等无穷无尽。在这里地球不过是一个微小的成员而已。因此，我们可以从容地做出结论：宇宙中地球以外智慧生物的存在是不可怀疑的。如此浩渺的宇宙，如此众多的行星，如果没有智慧生物会让人不可理解。

尽管格林班克公式早已得到科学家们和公众的认可，但仍然有人保守地认为宇宙中存在智慧生物的可能性太小。他们提出了种种理由来为此辩解。

有人断言：如果没有氧气，生命就无法存在。这种观念显得过于狭隘了。事实上，地球原始生命是形成于无氧环境中的。从另一个角度说，难道氧就不是一种有毒物质吗？氧可以和有机分子化合并破坏它们。地球上存在着不靠氧而生存的有机体，还有像厌氧菌这类可被氧气所毒害的有机体。虽然地球生物如昆虫、鱼类甚至人类在进化中适应了在氧气中生存，但这并不能否认氧气有毒性的一面。其他星球上的生命也许正是由于厌氧而适应于其他气体的。

紫外线在某些人眼里也是生命存在的一大障碍。地球生命是因为有了大气中的臭氧层才得以繁衍。其实，他们忽视了一个很重要的问题，那就是地球生命是在臭氧层形成之后进化而来的，进化过程中由于紫外线并不造成伤害，所以他们的机体中才没有进化出抵御紫外线的器官。试想，如果某个行星上有强烈的紫外线照射，它上面的生命在进化中就会形成一个类似"防护单"的器官。实际上，地球人皮肤晒黑和不同肤色与早期活动的地理位置相关就说明了这一点。更大的可能是，这个行星上的生命离开了强烈的紫外线反倒不能生存了。

对于地球生命来说，水是赖以生存的物质，因为生命发端于海洋，而且生命体中也含有50%—90%的水。如果就此做简单推理，在没有水或水被永远冻结着的行星上就应该是冥冥世界了。是否可以找到一种能替代水的物质呢？

人们对氨进行了研究。发现氨和水有许多相似性。它在常温下是气态，当温度低达 $-34.44℃$ 左右时，才变成液体，要使它变成固态，温度需低达 $-73.33℃$ 左右。目前，许多行星上都已发现存在着大量的氨混合物，也就是说，在那里即使温度极低，水即使已经完全结冰，却存在着液态氨的海洋，在那里，生命是在与地球截然不同的方式发展着。

实际上，氨在溶解物质方面与水有很大的共性，完全有可能产生依存于氨的生命物质。

不难理解，那一定是个令人难以想象的世界。

据说，我国黑龙江省一位名叫李明新的科技工作者经过多年探索，据称已培养出"非蛋白质生命体"，这是一种形状介于放线菌和真菌之间的微生物。这些生命的"异类"，可以在特殊的环境中生长，有些生命体甚至能在浓硫酸中生存。这表明不同的环境会有不同的生命去适应它。

所以我们说地球人绝不孤独，我们的朋友遍布宇宙。

让人激动的是，1996年1月，新华社播发了"适合生命存在的行星被发现"的消息。这则消息说："美国天文学家宣布，他们在距离地球35光年的室女座第70号恒星和大熊座第47号恒星附近发现了两颗比较温暖，有液态水存在的行星，其条件适合生命开始的化学过程。"

"室女座70号恒星与太阳极其相似，可能仅比太阳的温度低数百度，比太阳的年龄长30亿年。围绕它运行的这颗行星大约为木星的9倍，每116天旋转一周，推测该行星的表而温度约为85℃。"

"另一颗是绕大熊座第47号恒星运行的行星，大小约为木星的3倍，公转周期为1 100天，和大熊座第47号恒星的距离约为日地距离的两倍，表面温度据推测为－80℃。"

"这两颗行星和木星一样没有坚硬的外壳但都包裹着厚厚的大气层，它们也许都有卫星，在其卫星上也可能存在着某些可以构成生命的物质。"

也许，人类找到地外生命的时候已不再遥远了，我们期待着这一天。

寻找智慧的彼岸

每当我们想起在宇宙中存在着智慧生命的时候，就不由得十分激动。因为地球人类在时刻盼望着同他们取得联系。当两个不同世界的智慧生命握手言欢时，该是一幅多么美妙的情景啊！可是，就地球人类现在的科学技术水平，还难以驾驶飞船在宇宙中任意驰骋，去直接寻找宇宙中的朋友，只能利用无线电讯号去空间进行探索或接收来自外星球文明发给地球的无线电讯号。

美国西弗吉尼亚州的山谷里，有一座国家利·学基金会的天文台，就是上文中提到的格林班克射电天文台。它的任务是进行射电天文学研究，探索来自茫茫宇宙的各种电磁信号，以期从中发现来自天外未知智能生命的信号。

1961年初，格林斑克天文台台长奥托·斯特鲁维和他的助手、天文学家弗兰克·德雷克制订了一个监听计划——"奥斯玛"计划，进行世界上第一次认真的尝试，接收地外文明发出的无线电讯号。

　　这一年4月1日凌晨4点，计划正式开始实施。两位科学家将口径7.65米的巨大射电望远镜对准了Tau—Cetir星，这颗星远离地球11.8光年，是科学家们认为可能存在智能生命的星体之一。整个实验持续了150个小时，在这期间，巨大的伞形天线日夜对准那个方向，数十名专家静静地、耐心地倾听着来自宇宙的每一个细小的声音。然而，结果令人十分遗憾，"奥斯玛"计划没有取得什么收获。

　　不料来自其他渠道的消息说，专家们曾接收到了一次强大的信号，它们似乎很有规律，很可能是来自于Tau—Cetir星周围的某颗行星。几分钟后，信号消失了。此事虽经商定要保密，但还是传了出去。五角大楼的主人暴跳如雷，命令天文学家出面辟谣。台长奥托·斯特鲁维只好向报界说他们从来没收到任何来自宇宙的信息，所谓外星信号不过是一个秘密军事基地发出的。在1972年—1975年，又进行了"奥斯玛"二期计划，这次行动对地球附近650多颗星体进行了监听，结果没有取得新的进展。

　　"奥斯玛"计划虽然失败了，但人们并未灰心，探索仍在继续。接收外星智能信号的工作仍然更广泛地在世界各国的射电天文台进行。目前，能够探测1 000光年以上的射电望远镜在世界上已有10台以上，其中最大的一台直径300米，能接收距地球3万光年的信号，它设在波多黎各的阿雷西搏天文台。

在漫无边际的宇宙中去寻找外星智慧发出的无线电信号，就好比在一个巨大的城市中去寻找一个陌生人。对方究竟在哪条街、哪个位置实在难以预料。如果我们能知道那位陌生人的某个方面的特征，情况就会简单得多。搜寻外星智慧人的信号也是这个道理。

在空间里，可以合理地进行无线电通讯的频率是多少呢？正确地估计这一点是至关重要的。科学家们想到了宇宙中最丰富的原子——氢。氢在宇宙中以1 420兆赫频率发射为特征，即由氢原子碰撞产生的中性氢所具有的辐射频率。还有水和氨，它们在发射和吸收方面都有自己的特征频率。这种知识外星智慧人和地球人类应该是共有的。目前，科学家们已经列出了一张有十几个可能频率的清单，这些频率被人们称之为整个宇宙都可能收到的星际波长。

据研究，1 420兆赫的辐射频率不介于拥挤不堪的地球波段之列。发生差错的可能性和相互干扰的因素很小，所以该电脉冲就能够顺利送往太空，而且外星智慧生物完全能够辨认出这种脉冲。

当人们满怀信心地搜寻外星智慧人的时候，位于南半球澳大利亚的科学家郝伯特·伯克雷斯宣称，他收到了来自太空的信息。澳大利亚的射电望远镜是世界上最先进的射电望远镜之一，它可以同时监听来自太空的900万个频道。伯克雷斯就是利用它收到了令人惊疑的重复高频信息。他说："一连串的声音都有音符的质量"。几天后，经过短暂的静止，声音又发生了改变，声调很柔和，也很优美。据说，被录制下来的这组信息正在由科学家们进行分析。

前苏联的两位著名空间通讯专家、高尔基市无线电物理研究所所长沃斯伏罗德·托洛斯基和莫斯科空间研究所实验室主任尼古拉·卡尔达晓夫在与外星人的通讯联系中曾经记录过颇为奇怪的信号。

这个无线电信号每隔2—10分钟重复一次，有一定的规律。据信，它一定是来自某个具有高度智慧的星体，而且他们的科技水平至少和我们一样。这两位专家虽然无法说明信号究竟来自哪个星球，但他们认为信号来自太阳系内部，或是发自一颗未知行星，或是来自其他星系来访的宇宙飞船。

科学家们在做着不懈的努力，探索仍在继续进行着。

1974年11月14日，设在美国波多黎各的阿雷西博天文台，用12.6厘米的波长向球状星团M13发出了一组包含1679比特信息量的信号，其内容包括数学、化学、生物学、人类社会学、天文学等丰富的资料。信息的大致内容：

"我们是怎样从1数到10。我们认为有趣和重要的原子：氢、碳、氮、氧、磷，这是DNA分子核苷酸与碱基的化学组成物。人体DNA的核苷酸数，DNA分子是一个双螺旋体，它在某种程度上对电讯中央的那个形态笨拙的动物（人）是重要的。这种动物的身高——14个波长。太阳系及其外面第3个行星（地球）。这颗行星上生活着40亿个这样的动物。太阳系共有9个行星。4个大的在外侧，尽头是一个小的。这份电讯是直径2 430个波长或312米的一台射电望远镜的问候。"

1977年9月，国际无线电通讯咨询委员会在日内瓦开会，有关人士再次提出检测到一些来自宇宙的异常信号；1978年6月，在日本东京再次开会时，日、美代表又正式提出了《关于接收宇宙高等动物发来的电波》报告书。人类完全有理由乐观地展望未来。天文学家们认为，将来完全有可能在月亮上建造一座射电望远镜。在宁静而清爽的月球上，没有来自地球的干扰，能够更清晰地搜索和倾听来自浩瀚无垠的宇宙中的无线电信号。

还有人提出了与地外文明进行联系的有趣方法，虽然有点异想天开，但却是完全能够办到的：在地球表面相对平坦的地区，规划出一个巨大的等边三角形，边长1 000千米，在这个三角形边框上种植土豆，在三角形里面划上一个圆圈，播种小麦。这样，每到夏天，地球上将出现一个十分壮丽而且气势磅礴的巨大图案，而且色彩鲜明，周边是翠绿的三角形，里面包着一个巨大的圆圈。毫无疑问，这个情景任何有智慧的生命都能意识到它绝不会是天然的。当然，这样一个行动要建立在外星智慧人能看到或能来到地球的基础上。如果他们真的在一直注视着我们的话，当看到这一壮观景象时，也会赞叹地球人的伟大和与外星智慧人沟通的一片诚意。

　　在地球上的人们都在盼望与外星人握手言欢的时候，仍然有少数人感到忧虑。他们的论点：如果我们遇到的文明比我们先进，我们将受到他们的欺凌和残害。地球上也曾发生过先进的技术文明欺压落后技术文明的事情。谁能保证来自另一个世界的生物不会像法西斯一样呢？所以地球人还是保持沉默为好。

　　还有人说，如果我们发出的电波被比我们更先进的外星智慧人收到，谁能保证他们不会来生吞我们，那时，地球人的躯体也许会成为外星人的美餐。但是，这种担心也许是不必要的，既然外星人比我们更高明，难道他们所懂得的爱会比我们还少吗？或许，他们不但不与我们为敌，还会用他们的先进技术和思想帮助我们解决诸如能源、环境污染、战争等等问题。退一步说，如果他们真的发现我们地球人很可口，也只需取一点样品进行分析，测定一下是什么氨基酸序列使人肉那样味美，然后回到自己的行星上去合成同样的蛋白质就行了。

要真的把一个个地球人运到他们那里，这笔昂贵的运费也足以使外星"美食家"们望而却步了。总之，我们大可不必杞人忧天。

实际上，现在开始阻止与外星人联络已经为时太晚了，因为自从无线电发明以来，早已达到了可观的强度，它们早就开始以光速向宇宙中传播着。或许，外星智慧生物早已用他们的先进接收设备倾听着来自地球的歌声。智慧的彼岸，地球人想往的地方。

寄往外星的"名片"

当人类实现了登月梦想之后，即开始了又一个宏伟的计划——走出太阳系，向宇宙进军。

1972年3月3日，从肯尼迪角发射了人类第一颗穿越太阳系的星际宇宙飞船"先驱者10号"。它在对太阳系内的火星和木星进行探测之后，以每秒11.26千米的速度飞向宇宙空间，成为第一个飞离太阳系的人造物体。

最引人注目的是，"先驱者10号"及一年后发射的"先驱者11号"都携带着一张人类自我介绍的"名片"。它携带着人类的信息向茫茫宇宙深处飞去。

"名片"的设计者是美国康奈尔大学天文学家卡尔·萨根及妻子、艺术家林达·萨根，还有他们的同事弗兰克·德雷克教授。当国家航空和航天局批准他们的计划时，离飞船发射时间只有3个星期了，但他们还是设计出了让每个地球人都感到振奋的"名片"。

这块信息板的大小为6英寸×9英寸（1英寸=0.0254米），是一块镀金铝板，上面的各种信息是用腐蚀法雕刻上去的。它被安装在飞船的天线固定支架上。由于太空中的腐蚀率极小，信息板即使在几亿年后仍会保持原样，所以它是人类制造的寿命最长的产品。

据萨根教授的解释，信息板使用的是科学语言，他相信对方能够读懂它。信息板反映了飞船制造者的住地环境、时代和某些性质。左上角用图解方式表示了中性氢原子释放电磁波的波长和周期，并将其作为单位长度和单位时间。旁边是无线电频率光子的发射波长，为21厘米，频率约为1 420兆赫。由此将氢原子的超精细跃迁与时间和距离联系在一起了。由于氢在宇宙中的广泛存在，所以先进文明人很容易懂得这部分信息。

图的左面中心是放射形图案，它表明了与太阳系有关的14颗脉冲星及其位置，对方可以根据14根线条上表示的脉冲星特征来推断飞船出发的时间。

太阳系各大行星的近似体积包括土星的光环在图的下部也表示出来了，同时标注了飞船学家卡尔·萨根及妻子、艺术家林达·萨根，还有他们的同事弗兰克·德雷克教授。

萨根教授认为，外星人读懂信息板上的科学语言并不难，但由于外星人与地球人的形象可能完全不同，所以信息板上的人像是最令他们费解的部分。

当信息板随"先驱者10号"升空的消息传出后，在地球上引起了强烈的反响。有人为此流下了激动的泪水，也有人提出了意见或建议，也有人希望改换方案。

有人提出，信息板上的男女人体像各自站立，显得地球人冷冰冰，互不理睬，没有友爱。应该让他们携起手来。对此萨根教授解释说："不把他们画成手拉手是因为怕外星人误认为这一对地球人是通过一只手连起来的一个整体"。这种误会在地球上就曾发生过。印加人因为从未见过马，所以将骑在马上的西班牙征服者误认为是一种双头的半人半马怪兽。

信息板上的两个人中，男性举起了一只手，表示向外星人致意。对此有人提出了看法。一个看法说女人也同样应该举手致意；另有人说这种手势太危险，因为二次大战时德国纳粹军人就是以这种手势相互致意的。现在美国人拍了很多二战时的电视片，这些节目也许早就被外星人接收到了，而且知道这些举右手的家伙很残暴，当他们看到信息板时，一定会认为这些法西斯赢得了二战的胜利，现在又向他们来挑战了。所以，他们定会整装出发，来征讨地球人。

实际上萨根教授之所以没有让女人也举起手，是怕外星人误认为地球人的右手臂肘关节生来就不能活动。而对举起右手的问题，则完全不必自扰，因为一个人举起右手是一种"宇宙"通用的亲善手势，是善意的招呼。更何况举起空不握物的右手表明地球人没带任何武器。

有人怀疑，信息板上的内容外星人是否能够理解，会不会出现完全曲解的情况？某杂志社选了几个人作为假设的宇宙人，并让他们谈了自己的分析。

一位"外星人"说："在我们看来，图中的虚点可能是画给我们看的某个大城市的铁路图。图画中还有一位金发裸体的女郎，看上去非常像某一个落后的行星给我们开的一则玩笑，可能是地球生物中流行的那种玩笑。"另一个"外星人"说："就我们所知，这是我们星球上第一次收到的前地球生物达·芬奇的原作，我们的望远镜表明，它确是达·芬奇的风格。无论如何，这次发现一定会有助于我们修正已有的关于地球智慧生命的一些资料。在此之前，我们并不知道地球那儿很暖和，警察们可以不穿衣服在外站岗，我们也不知道地球人的主要肢体明显地是由线来牵动的。让我们指望地球人很快送一些简单的问候卡片来。"

上面这些类似天方夜谭的分析听起来让人觉得外星人多少有些愚笨。事实上，地球上的科学人士曾经轻易地破译了信息板上表明的信息内涵。当然，就目前地球人的智力水平而言，还仅仅是少数地球人能理解信息板的含意，但我们不能忽视，能够得到这个信息的外星人一定会有超过地球人的高度智慧，决不会将信息板上的男女当做裸体警察。

载着地球人类信息的"先驱者10号"以光速万分之一的速度永远离我们人类而去了，也许在外星人获得这份信息之前，我们这一代人早已离开了人世。但是，就是这种信息本身，这种设想的胆识，总是会让现在人和未来人激动不已的。

地球之音

当"先驱者10号"风尘仆仆地向太空深处飞去的时候，1977年8月20日和9月5日，又有两艘星际宇宙飞船先后离开家乡地球，踏上了宇宙探索的漫漫征程。这两艘飞船就是美国发射的"旅行者1号"和"旅行者2号"。它们像是一对孪生兄弟，不但长相一致，而且打扮也相同。头戴一顶圆帽式的抛物面天线，身着梭镖形的铠甲，身上的挎包里装着同位素电池，全身珠光宝气，英姿勃勃。

尽管"旅行者"兄弟十分漂亮，却并未引起人们多大的兴趣，让人们心驰神往的是它们身上携带的一个特制铝盒。

这个铝盒中装有一张直径为30.5厘米的喷金铜唱片，

一个瓷唱头、一枚钻石唱针。铝盒被一个钛制螺栓固定在飞船上。盒上还用科学语言注明了唱片的用法。这是地球人带给外星人的"地球之音"。它是由美国天文学家、艺术家、科普作家、音乐家组成的专家组设计制作的，其中包括前面我们提到的设计"信息板"的卡尔·萨根教授。

唱片上的内容可以放120分钟，上面记录着地球上各种有典型意义的信息。一开始是116幅图，用图像编码信号形式介绍了太阳系的概况及其在银河系中的位置，地球和地球大气层的化学成分，脱氧核糖核酸DNA及人体图解；海洋、河流、沙漠、山脉、大陆、花卉、树木、昆虫、鸟、兽、海洋生物和雪花的图案；牛顿的著作《世界体系》中炮弹发射经过插图也被录入其中，还有一幅日落图；一个弦乐四重奏乐团，一把小提琴，一页贝多芬降13大调第13弦乐四重奏乐谱，接着是这段乐曲的实际演奏，以便使二者相对应；还有世界各地的主要风土人情，科学文明成就，人工建筑，包括火箭、飞机、火车、联合国大厦、中国的长城、旧金山的金门大桥及印度的泰姬陵。在风土人情部分中，有中国人的午餐场面。

接着是音乐部分，唱片记录了27种地球上不同民族的音乐，既有巴赫、莫扎特、贝多芬等人的名作，也有爵士乐、摇摆舞曲及民歌，我国的京剧和用古筝演奏的中国古典乐曲《高山流水》也在其中。

唱片上记录着美国总统卡特签署的电文。在电文之前有一段说明写道："旅行者1号"宇宙探测器是美国制造的。地球上住有40多亿人，我们是其中一个拥有2.4亿人口的国家。我们人类虽然还分成许多国家，但这些国家正迅速地变为一个单一的文明世界。我们向宇宙发出的这份电文，它大概可存在到未来10亿年。到那时候，我们的文明将发生深远的改变，地球的表面也可能发生巨大的变化。在银河系两千亿颗恒星中，有一些，也许有许多可能是人居住的行星。如果这种文明的人类截获到"旅行者1号"探测器，并能懂得这些记录的内容，我谨为此撰以如下致文：

"这是来自一个遥远的小小星球的礼物，它是我们的声音、我们的科学、我们的意念、我们的思考和我们情感的缩影。我们正努力延续时光，以期能与你们的时光共融，我们希望有朝一日解决了我们面临的问题之后，能置身于银河系的文明大家庭。这个'地球之音'是为了在这个辽阔而令人敬畏的宇宙中寄予我们的期望、我们的决心和我们对遥远世界的良好祝愿。"

当时担任联合国秘书长的瓦尔德海姆先生也代表地球人口述了一份录音："作为联合国秘书长，一个包括地球上全部人类的147个国家组织的代表，我代表我们星球的人民向你们表示敬意。我们走出我们的太阳系进入宇宙，只是为了寻求和平和友谊。我们知道，我们的星球和它的全体居民，不过是浩瀚宇宙中的一小部分，正是带着这种善良的愿望，我们采取了这一行动。"在美国总统和联合国秘书长的问候之后，唱片中开始出现世界上近60个民族语言向外星人致意的问候语，其中包括我国的广东话、厦门话、客家话。还有一对鲸鱼的热情呼叫，表示对外星人的问候。

在这张一秒值万金的唱片中，用12分钟的时间记录了地球上自然界的35种声音。有象征混沌初开的巨响；地球绕太阳旋转的回旋声；海水运动的拍岸涛声；接着是生命的发生；来自冰川时期的寒风呼叫中传来了生命的呼声，婴儿坠地的哭声；人的呼吸和脉搏的跳动声；脚步声、欢笑声；还有火车、飞机、汽车的发动机声；火箭发射的巨响；各种鸟啼、犬吠、兽吼、虫鸣；一颗脉冲星产生的宇宙噪声等。

记录着地球之声的唱片在茫茫宇宙中将经久不坏。据估计，即使在10亿年后，唱片仍然能放送出清晰的声音。

唱片的设计者们为了在容量有限的唱片中尽量多地选择有代表性的声音，费尽了心机，因为这确实是一件困难的事情，我们毕竟对外星智慧人太缺乏了解，要选择有代表性的内容谈何容易。但值得我们高兴的是在选择中国乐曲《高山流水》时发生的一件有趣的事情。

唱片设计者之一，喜爱音乐的作家安德鲁·扬这样写道："我曾打电话给哥伦比亚大学的周文昌，请他选一首中国乐曲。我原想他一定需要一些时间来考虑。然而，他当时就毫不犹豫地回答道：录《高山流水》，这首曲子抒发了人类为大自然所深深陶醉的情感。它是用七弦之琴——古筝演奏的。这一乐曲在耶稣以前两千年就有了。从孔子在世起，《高山流水》就已成为中国文化的一部分。把这首古曲送到太空中去吧，它会替你讲很多中国事情。我们就照他说的做了。在唱片中，这首乐曲的评选是最容易的。

在此，我们再一次感受到中华民族的悠久文化具有深不可测的底蕴，但愿外星人在收到唱片时，能对这首《高山流水》情有独钟。"

乘激光去太空旅行

"旅行者"宇宙飞船虽然带着人类的殷切期望飞向了遥远的太空。可是当人类得到那令人激动的回音时，定是在十分遥远的将来了。即使它们一帆风顺，不遇上任何灾祸，以现在每秒16.1千米的速度飞行，要想达到银河系中的另外一个恒星系，恐怕也得8万年之后。

那时，地球上还不知会是个什么样子。

当然，人类是决不会就这样悲观地等待下去的。科学家们正在不遗余力地寻找更好、更快的方法，使我们能够在有生之年圆与外星人相会之梦。

英国小说家H.G·威尔斯在他的著名科幻小说《时间机器》中做了这样的设想，有一位孤独的科学家，以他的渊博知识和聪明才智在实验室中制造出一台"时间机器"。如果你对某一段时间感兴趣，想要到那个时间中去走走看看，你可以将机器上的拨盘拨到那个年份，走进机器，再按下按钮。一瞬间，你就到了那段时间，无论它是在久远的过去，还是遥远的将来。

虽然这个故事还仅仅是一种奇妙的幻想，但是大科学家爱因斯坦的相对论早已证明如果我们能以接近光速（30万千米/秒）运动，时间就会减慢，一艘可以任意（无限）接近光速飞行的宇宙飞船可使飞船上的时间要多慢就多慢，这样我们就可以在有生之年去漫游宇宙，寻找外星朋友了。可是目前能够达到或接近光速的宇宙飞船还没有被制造出来，人类正在向着这一目标努力。

1986年，美国加利福尼亚州马里布休斯研究实验室的一位老资格科学家罗伯特·弗沃德博士提出了一个既新颖又现实的设想，用一台巨大的激光器，将宇宙飞船以极快的加速度"吹"出太阳系，送往宇宙深处。如果这一设想变为现实，人类探测宇宙，寻找外星智慧人的步伐将大大地前进一步。

罗伯特博士的设想：用细如丝的铝丝制作一张帆，宽度4千米，重约1吨，或者制成总重20克，直径1千米的一张半智能的铝网。这张网的用途是接收地球附近一台大功率激光器所射来的强大激光束，由此获得巨大的加速度，使飞船疾如闪电般地向宇宙飞去。它是一种超轻空间探测器。

罗伯特博士将这一成果取名为"星束号"。它的基本原理是，光帆上的金属网有10万亿个网眼交叉点，每个点都是一个微电子电路，每个交叉点都像一架针尖大小的微型照相机，对光十分敏感。这张对光敏感的大网，依靠来自地球附近的激光束产生的强大光压来驱动飞船运行。

"星束号"设计思想比以往设计的宇宙飞船动力驱动方式更为先进。

在20世纪60年代末期，美国洛斯·阿拉默斯国家实验室进行过核脉动推进研究。这种推进方式是在飞船后方顺序抛出几百个小氢弹，用每个氢弹爆炸所产生的碎片来轰击设在飞船后方的巨大推进板来获得动力。采用这种驱动方式的飞船，如果要达到离我们最近的阿尔法半人马座恒星（距地球40万亿千米），携带几十万枚一吨级的小氢弹，它们在飞船的身后以每3秒钟一颗的速度爆炸，在50天后，就会将飞船按照一个恒重力加速度加速到光速的1/30。

按照这个速度，到达目的地时，大约要等到130年以后了。

然而，"星束号"的最大优势在于根本不需携带任何推进燃料，因为它的推进系统是摆在"家里"的，它是一台巨大的激光加速器。

激光加速器的聚光镜是由一组巨大的透镜组成的，它的直径足有5万千米，是地球直径的4倍，专家们称它为"区域透镜"。这样大的透镜恐怕很难用火箭送入太空，最好的办法是在火星轨道外的空间制造。它所产生的能量可以使激光加速器发出一条200亿兆瓦的激光束，强大的激光束通过遥远的空间，会聚到"星束号"的光帆上。

被会聚起来的微波束可以利用光子的压力将"星束号"加速，就好比地球上的风推动着海面上的一艘帆船破浪前进。由光子产生的压力是十分巨大的和连续不断的，它使"星束号"以大于地球重力加速度155倍的力量加速。仅仅在一星期之后，"星束号"的速度就可以达到光速的1/5。

在通往比邻星系半人马座的40万亿千米距离中，"旅行者2号"要走8—10万年，而"星束号"只需要22.5年的时间就能到达，真是神奇的速度。

如果"星束号"制造成功，它一定会创造最高速的飞行史。当它飞出比邻星系半人马座一个光年距离时，距它离开地球出发时已有25年多了，此时由它发回的数据流却刚刚到达地球。这是十分珍贵的信息，地球上的计算机会将数字信息变成图片，向人们展现一个闻所未闻的令人眼花缭乱的世界。也许那些奇异的外星人正在向我们招手，感谢地球人类来看望他们呢。

目前，利用激光加速器推进的光帆进行宇宙探测还处于设计阶段。但是它却完全合乎任何一条物理定律。根据现有的理论和技术，人们是可以获得成功的。它的最大、最明显的优点是飞船本身并不携带能源和发动机，而是将其放在"家里"，这对于发动机的维护、修理以及做必要的改进都十分方便，也是几十年连续不断提供动力的基本保证。

当然，完成这样一个巨大的工程还存在着许许多多的困难，但它并非是不可能的。在不太久远的将来，以激光为动力光帆一定会在人类的有生之年把我们送到其他星系中去。

世界五千年科技故事丛书